그 렇 게
길은
항 상 있 다

다음 한 발은 더 쉽고 가벼울 테니

그 렇 게
길은
항 상 있 다

윤서원 지음

알비

누군가가 아닌, 나 자신이 되는 삶!

'안정된 회사를 나온 걸 후회하세요?'라고 누군가 물어옵니다.
1초의 망설임 없이 '네, 후회합니다.'라고 답하죠.

그런데 돌아가고 싶지는 않습니다.
손에 쥔 것을 놓아야만, 더 많은 것을 얻을 수 있다는 걸
조금씩 알아가는 중이기 때문입니다.

회사를 그만두고,
할 수 있는 경험이 늘어났습니다.
낯선 곳에서 살아본다거나, 글을 쓴다거나, 바리스타가 되어본다거나….
그 자리를 지켰다면, 절대 해보지 못했을 경험들 말입니다.

누군가는 내게 '길을 잃었다'고 하지만
저는 '길을 찾는 중이다'라고 합니다.

물론 직장 생활할 때와는 비교도 안 되는 수입,
미래에 대한 두려움과 막막함, 결혼에 대한 압박감은
별책부록처럼 따라다닙니다.

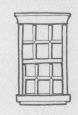

좋은 것만 있을 수는 없으니까요.
선택에는 그런 부수적인 것들이 따를 테니까요.

앞으로 제가 할 수 있는 경험이 얼마나 더 있을까요?
그중에는 분명 나쁜 일도 있고, 화가 나는 일도 있으며,
가끔 이해조차 어려운 일도 있겠지만
그냥 이 모든 걸 경험하고 싶습니다.
그렇게 누군가가 아닌, 나 자신이 되는 삶을 살고 싶습니다.

그래서 지금 이 순간을 삽니다.
결정되지 않은 삶을, 하루씩 살아가는 중입니다.
마음이 가는데, 몸도 따라가는 삶을 사는 것도
아주 괜찮다고 자신을 응원하면서.

겨울이 지나면 봄이 오듯,
힘든 시간이 지나면 좋은 날이 오겠죠.
혹 오늘 하루가 힘들다면, 그건 좋은 날이 오고 있다는 거니까.
힘내요! 나도, 당신도.

CONTENTS

가끔은 이해하기 힘든
너의 낯섦

낯선 사랑

앙꼬 없는 찐빵	010
이별의 기술	013
'동굴'에 들어가게 되거든	015
그 남자의 사랑법	019
곁에 두고 알아 가면 좋겠는 조건	022
사람에 대한 기억	026
가야 할 것은 이별이고, 와야 할 것은 사랑이므로	030
밀당남에 대처하는 나의 자세	034
그 때가 오면, 결혼할게요	038

이 문이 닫히면
저 문이 열리고

길은
항상 있다

그렇게 길은 항상 있었다	046
하고 후회하자	052
One way	056
내 인생의 주인공	060
나에게 꼭 필요한 것	065
티핑포인트(Tipping point)	068
여행지도	073
로드맵	078
답은 시간에 있다	084
한 박자 일찍	090

너의 마음에
이어폰을 꽂으면

인간에
대한 예의

진심을 포장한다	096
이어폰을 꽂으면	101
맞는 그림 찾기	105
찬물 한 컵	108
Manner	112
언젠가 우리 다시	117

다트 120

부러우면 지는 거다 126

수저 다섯 세트 131

와인 한잔 135

과연 무엇이
나를 행복하게 하는 걸까

나의 마음
들여다보기

나잇값 142

행복의 조건 146

엉뚱하면 어때 150

분명 방법은 있다 154

생얼에도 립스틱이 필요해 157

하이힐 그리고 자존심 160

마음 편식 163

정말 필요했을까 168

내 삶에 힘을 보태줄 수많은 남 171

마음이 아프면 몸도 아프게 된다는 걸 174

인생 후반부 178

설렘 183

아직 시들지 않아줘서
아직 내 곁에 있어줘서

분명
내게
아름다운 날

행복의 파랑새 189

아직 시들지 않아줘서 아직 내곁에 있어줘서 194

분명 내게 아름다운 날 200

괜찮아, 다 괜찮아질 거야 206

슬럼프는 쉬어가라는 신호니까 212

여행하기 좋은 날 218

결국 내 마음에 달린 거라고 224

당신만은 추억이 되질 않았습니다 229

다음 한 발은 더 쉽고 가벼울 테니 234

내 보물이라면 자연스럽게 온다 238

가끔은 이해하기 힘든 너의 낯섦

낯선 사랑

앙꼬 없는 찐빵

"아, 찐빵 먹고 싶다!"

찬바람이 불기 시작할 무렵,
예전에 남친과 통화하던 중 무심코 내뱉은 말이었다.

이어진 그의 말에,
옛 내 목구멍으로 넘어오는 따스함에
울컥했다.

"앙꼬 없는 찐빵, 생각만 해도 얼마나 밍밍하고 심심하니?
난 세상도 그럴 것 같아. 네가 없다면 말이야."

그는, 내가 없다면 자기도 없다 했고
내 사랑이 없다면 자신의 삶도 결코 행복할 수 없다 했다.

하지만, 그가 나를 떠남으로써
우리의 사랑도 끝이 났다.

나 없인 살 수 없다던, 나 없이는 행복할 수 없다던
그는 여전히 어딘가에서 행복하게 잘 살고 있을 것이다.
내가 사라진 그의 세상에서, 새로운 행복을 꿈꾸면서.
또 다른 해피엔딩을 고대하면서.

로잘린에게 일생의 사랑을 맹세했던 로미오는,
그녀를 만나기 위해 참석한 무도회장에서 줄리엣을 만나,
또 다른 사랑의 맹세를 했다지.

왜 그때 그의 말을 덜컥 믿어버렸던 걸까?
아무 의심 없이, 바보같이.

그때 한 번이라도 물어봤어야 했다.

너를 사랑해도 괜찮은 거냐고.
아프게 하지 않겠다던 너를 믿어도 되는 거냐고.

남자들은 지키지도 못할 사랑의 맹세를 왜 그렇게 쉽게 하는 걸까?
사랑은 말보다 행동으로 보여주는 건데.
백번의 말보다 한 번의 행동이 훨씬 더 진실 되게 와 닿는 건데.

당신은 알았을까?
내가 건넸던 우산, 감기약, 넥타이는 '사랑해'의 다른 말이었다는 걸.
그리고 내 사랑이 당신에게 더 많이 들켜주기를 바랐다는 걸.

이별의 기술

"나 결혼 안 하기로 했어."

그녀의 먹빛 눈빛을 마주하고 자꾸만 눈물이 흘렀다.
청첩장을 돌리며 한없이 들떠있던 그녀를 만난 게 엊그제인데….

한 달도 남지 않았던 예식이기에,
지인들에게 일일이 전화를 돌리다가 집을 빠져나왔다고 했다.

한동안 말없이 내 손을 붙잡고 있던 그녀가 입을 열었다.
"사랑해(I love you)의 반대말은, 사랑 안 해(I don't love you)를 거쳐
사랑했다(I used to love you)로 완성된대.
그래야 모든 게 끝나는 거래."

'그를 사랑했다'라는 사랑 종식선언을 할 수 있을 때까지,
얼마간의 시간이 필요할 것이다.
지금의 그녀에겐
그와의 이별이 아니라,
이별을 '받아들임'이 훨씬 더 어려운 일일 테니까.

집으로 돌아오는 길,

마음 깊숙이 숨어있던 옛 연인에 대한 기억이 되살아났다.

나는 아직 '사랑해'라는 말로

너를 꼭 붙잡고 있었을 때,

너는 이미 '사랑했다'라는 말로

나를 틀림없이 보냈던 거구나.

어쩌면 너에게는

빙빙 돌려 말하지 않는 기술,

뾰족한 말끝으로 상대의 심장을 찌르는 기술이 필요했는지도 모른다.

'동굴'에 들어가게 되거든

속초 앞바다가 내려다보이는 어느 호텔.
함께 오기로 한 친구의 갑작스런 캔슬 때문에,
오늘 밤 혼자 방을 독차지하게 생겼다.

느릿느릿한 쉼 여행을 계획했기에,
내일 아침은 최대한 늦게 일어날 요량으로
'Do not disturb'라는 사인을 찾았다.

방해하지 마시오! 라는 사인을 문밖으로 내 걸으면서,
괜히 짜릿해졌다.

완벽하게 자유로운 공간 안에서라면,
누구의 방해도 받지 않고,
무언가를 하거나 혹은 하지 않을 수 있을 테니.
방을 마구 어지럽히거나,
컵라면을 먹고 난 뒤 한참 동안 치우지 않는다거나,
심지어 샤워할 때, 문까지 활짝 열어놓을 수도 있으니 말이다.

아, 그때 너도 이 맛에 '동굴'이라는 걸 들어갔던 거구나!

'뭐야, 지금 내 연락을 씹는 거야?'

며칠 전 만날 때, 무슨 고민이 있는지 얼굴이 흙빛이었던 너에게
이유를 물었으나, 괜찮다는 대답만 돌아올 뿐이었다.
어쩌면 생각할 시간이 며칠 필요할 것 같다는 말과 함께.

그러더니 정말 연락이 뚝 끊겨버리고 말았다.
그가 '동굴'에 들어간 것이다.

생애 처음으로 맞닥뜨린 상황에 든 별의별 생각.

"내가 뭘 잘못했나?"
"어디 아픈가?"
"딴 여자라도 생겼나?"

그렇게 혼자 묻고 답하며 몹쓸 상상의 나래를 펼쳐나가는 동안,
내 머릿속에는 '이해 불가'라는 빨간 딱지가 늘어만 갔다.

세상에서 가장 고통스러운 고문은,
아무것도 할 수 없는 상태에서 상대를 기다리는 거라더라.

방치되다 못해 버림받은 느낌.
여자는 이런 느낌을 제일 힘들어하는데….

난 계속 동굴 문을 두드릴 수밖에 없었다.
"도대체 왜", "나한테 이럴 순 없어"라면서.

그때
'너의 동굴'을 이해할 수 있었다면 얼마나 좋았을까.

그리고 너도, 기약 없이 너를 기다리며
새까맣게 타들어 갈 내 마음을 알아줄 수 있었다면?!

난 많은 걸 바란 게 아니었는데….
단지 네가 그 안에서 굶지는 않는지,
길을 헤매는 건 아닌지,
언제쯤 나올 건지 궁금했을 뿐인데.
전화 한번, 문자 한 통 주는 게 그렇게 어려운 일이었을까?

그것 하나면, 네가 동굴 밖으로 나올 때까지
한 백 년 정도쯤은 기다려줄 수도 있었는데.

네가 기쁠 때도, 슬플 때도,
좋을 때도, 나쁠 때도,
제일 먼저 생각나는 사람이 나였으면 좋겠는데.
언제나 네 옆에 있는 사람이 나였으면 좋겠는데.
남 자 인 너 에 게 는 어 려 웠 던 걸 까 .

그 남자의 사랑법

'잘 지내니?'

잊었다 생각하면, 아니 잊을 만하면,
예고도 없이 날라와 내 심장을 덜컥 주저앉히는 그의 문자.

'뭐야, 헤어지자고 한 건 너였잖아.
괜찮아지려고 죽을힘을 다해 노력하고 있는데.'

마음을 자꾸만 헝클어 놓는, 그의 문자에 술이 절로 생각났다.
한 잔. 두 잔. 석 잔.

잊고 싶었던 기억이 자꾸만 선명해진다.
그리고 아이러니하게도 참 맛난 안주가 된다.

그도 나처럼 술을 마시고 있을까?
지난 우리 추억을 안주 삼아서?!

네 앞에 놓여 있을 '안주'들을 떠올려본다.
기쁨도, 설렘도, 서운함도, 아픔도, 그리움도….

참 다행이다.
너에게는 있으나, 내게는 없는 안주가
'후회'라는 사실이.

돌아보니, 모든 걸 다해 사랑하기를 잘했네.

나의 사랑은 그런 것 같다.
사랑에 한번 눈이 멀고, 마음이 멀면
아무리 주고 또 줘도 아깝지 않아하고
그러다 상대를 위해서 뭐든 다 할 수 있게 되는,
하여 이별 후 더 사랑한 것에 아파하지,
덜 사랑한 것에 아파하지 않는다는.

하지만 그는 왜 헤어지고 나서야
사랑이 곁에 있을 때 못다 한, 사랑을 하려고 했던 걸까.

사랑은 '내 곁에 있는' 사랑을 잃기 전에만 가능한 건데….

버스는 이미 떠났고,
사랑하는 님은 내 손을 놓아버렸는데.

여자는 지난 사랑을 잊고 싶어서 술을 마셔.
남자는 지난 사랑을 간직하고 싶어서 술을 마신다지?

곁에 두고 알아 가면 좋겠는 조건

'나 결혼해!'라는 소식이 들려오면,
축하와 동시에 그녀 혹은 그에게 묻곤 한다.
"왜 결혼을 결심하게 됐어?"

그들 중 열에 아홉은 '이 사람이 아니면 안 될 것 같아서!'라며
당연하듯 말한다.
하지만 이렇게 지당한 열정으로 시작된 결혼의 달콤함은,
왜 몇 년이 채 못 가는 걸까?
정말 이 사람이 아니면 안 되는 걸까?

"이번에 우리 그이, 토익 800점 넘었어.
내년엔 2년제 대학 들어가려고 준비 중이야."

남친 자랑에 여념 없는 그녀의 별명은 평강공주.
대학 졸업 후, 뛰어난 영어실력으로 모 대기업의 통역담당으로 입사했다가, 고졸 출신의 직원과 운명적인 사랑에 빠졌다.
사랑 만능주의자였던 그녀는 바로 평강공주 모드로 돌입, 남자친구에게 토익, 상식 등을 가르쳤고 이후 2년제 대학까지 보내는 사랑의 무한괴력을 발산했다.

하지만 외모면 외모, 조건이면 조건 어느 것 하나 빠지지 않던 그녀의 집안에서 반대가 무척 심했다.
"그 사람하고 결혼은 절대 안 돼!"라며 그녀의 엄마가 곡기를 끊고 드러누웠으나,
그녀 역시 "그 사람 아니면 안 된다!"고 똑같이 드러누워 부모님의 뜻을 꺾고, 결혼에 골인했다.

그리고 얼마 뒤 이직한 외국계 회사에서 해외 본사로 발령을 받은 그녀는, 한국 생활을 남김없이 정리하고 남편과 함께 떠났다.

우리가 다시 만난 건, 몇 년 후 그녀가 출장차 한국에 들렀을 때였다.
조용한 선술집에 앉아 서로의 지난 시간에 대한 안부를 물었다.
"평강공주, 그렇게 죽고 못 사는 결혼 생활은 여전히 달달하지?"
"아니, 꼭 그렇진 않아."

예상 못 한 그녀의 대답을 듣고, 난 흠칫 놀랐다.

"연애할 땐 내가 그이한테 필요한 존재라는 게 마냥 뿌듯했어.
한없이 뭔가를 해줄 수 있다는 게 무척 행복했고.

하지만 결혼해 보니, 너무 다른 점 때문에 낙담 많이 하게 되더라고.
분명히 이 사람 아니면 안 될 것 같아서였는데….
우리 둘 다 비슷한 사람을 만났다면, 덜 힘들었을 거란 생각을 해.
그랬다면 나도 하나하나 가르칠 필요 없이 뭐든 쉬웠을 테고, 그이도 이 낯선 타국에 와서, 랭귀지스쿨 다니며 재취업하려 이리저리 뛰어다녀야 할 이유도 없었을 테니까.'

이 푸념 같은 조언을 한 귀로 듣고 한 귀로 흘려들은 또 한 명의 사랑 만능주의자였던 나.

하지만 이제 나 역시 그녀처럼
'사랑 하나면 돼!'라는 신파극을 더는 믿지 않는다.

'나는 그이 없이는 못 살아'
혹은

'그녀에겐 내가 꼭 필요해'라는 식의 한쪽은 받기만 하고 한쪽은 주기만 하는 사랑 또한 원치 않는다.

이제는
이 사람 아니면 안 되는, 매 순간이 클라이맥스로 가득 찬 사랑보다
이 사람이라면 곁에 두고 알아 가면 좋겠는,
기 승 전 결 이   두 루   갖 춰 진
사 랑 을   꿈 꾼 다 .

그렇게 친구 같은 사람이, 내 사랑이 되어 평생 내 곁에 머물기를 바란다.

고된 하루를 마치고 집에 들어섰을 때, 내가 좋아하는 친구가 나를 기다리고 있다면 얼마나 좋을까.
'아프냐, 나도 아프다'라며 마음 통하는 친구와 술잔을 기울이면서 하루를 마감할 수 있다면 얼마나 좋을까.

그런 사람과 힘든 시간은 끙차, 영차 하며 같이 이겨나가고
좋은 시간은 참 잘했어요! 도장 꾹꾹 찍어주면서
검은 머리 파뿌리 될 때까지 늙어가고 싶다.
그렇게 함께 성장하는 사이,
이러쿵저러쿵 부부 싸움도 하면서.

내 머릿속에서 하나둘 선명하게 떠오르자 순간
난 너무 당혹스러웠다.
사람의 기억이라는 것이, 이토록 대단하고 또
무서운 것이란 생각 때문에.

사람에 대한 기억

"야, 이게 얼마 만이야!"

몇 년 만에 만난 친구들과 안부를 주고받던 중,
그동안 소식이 끊겼던 그들 주변인의 근황이 들려왔다.

"야, 요즘 민수는 어디서 일한대?"

"선재는 부산 지사로 발령 받았다고?!
부산에 있는 K은행 다 돌다 보면, 만날 수 있겠다."

"그때 축구부를 나간 뒤로, 지원이는 소식이 아예 끊겼다면서?"

10년 전, 내 친구들과 사귀거나 혹은 어떤 사연으로 엮여 있어
두어 번 밥을 먹거나 술을 마셨던 낯선 이들.

그동안 정말 새까맣게 잊고 살았었다.
나와 직접적인 인연의 끈이 없는 사람들이었으니까.

그런데 다 잊은 줄 알았던 그들의 이름이, 그들과의 기억이
내 머릿속에서 하나둘 선명하게 떠오르자 순간 당혹스러웠다.
사람의 기억이라는 것이, 이토록 대단하고 또 무서운 것이란 생각 때문에.

10년이 지났음에도
나와 전혀 상관없는 사람들이 이렇게 똑똑히 기억나는데,

내 세상을 가득 채웠던 한 사람에 대한
기억은 더 말해 무엇하랴.

다 잊었다고 생각했는데…….

너를 언제까지 기억할 수 있을까.

"한 사람을 깊이 사랑하고 나면, 그 사람을 기억하지 않는대요.
잊은 적이 없을 테니까요."

꽤 오랫동안 잊은 척 지냈고, 앞으로도 잊은 척 살아갈 테지만
언젠가 당신을 만난다면 이 말이 맞는지 틀린지 알 수 있겠지.

가야 할 것은 이별이고,
와야 할 것은 사랑이므로

머리를 자르러 낯선 미용실에 들어갔다.

"이 긴 머리를 정말 다 자르시게요? 몇 년은 기른 것처럼 보이는데요."
"네, 단발로 짧..게 잘라...주세요."

가위를 손에 쥔 미용실 언니의 능숙한 손놀림에
긴 머리카락이 싹둑 잘리던 순간, 익숙한 노랫말이 귀에 닿았다.

'나를 울리려고 이러려고
날 사랑 했니 너를 사랑하게 했니
잘살던 사람 왜 늘 울게 만들어….'

신청도 안 한, 내 얘기 같은 이별의 노래가 흐르자
눈과 마음에 저절로 힘이 들어갔다.
새어 나오려는 눈물을 간신히 참고
거울을 통해 새로운 내 모습을 마주했다.

어깨도 안 닿는 단발머리의 나.

한때는 나의 일부였으나, 이제는 바닥을 나뒹구는 머리카락.

낙하한 머리카락이 마치 가야 할 때가 언제인지를 분명히 알고 가는
이의 뒷모습처럼 느껴지던 순간.
꾹 참고 있었던 눈물이 꽃처럼 후드득 떨어져 버렸고,
결국 펑펑 흘러버렸다.

그렇게 세상의 끝이 온 줄 알았고,
슬픔은 시효가 없다고 여겼지만.

그 이별 후, 난 다시 사랑을 하게 됐다.

가야 할 것이 가야만, 와야 할 것이 올 수 있듯이
이별도 사랑도 그러하지 않을까.

어찌 보면, 이별은 새로운 사랑을 할 기회일 텐데.
하나의 헤어짐이 줄어드는 것이므로,
마지막 사랑에 좀 더 가까워지는 일일 텐데.

그러니 혹 다시 올 이별 앞에서는
좀 덜 울고, 좀 덜 아파하기로 한다.

우린 사랑해야 할 사람을 사랑했고,
이별해야 할 사람과 이별했을 뿐이다.
단지, 겪어야 하는 일을 겪었을 뿐이다.

밀당남에
대처하는
나의 자세

"오른쪽이 액셀러레이터, 왼쪽이 브레이크예요!"

달릴 때와 멈출 때를 적절히 조절할 줄 알아야 하는 게 운전이라는
학원 선생님의 이야기를 듣는 순간, 한 남자가 떠올랐다.
그리고 그의 세련된 밀당학 실습이었을지도 모르는, 내가 받았던 운전교습도.

살면서 참 많은 밀당남을 만났지만, 그는 조금 달랐다.

"운전하면 어떤 기분일지 궁금해요!"
"그럼 지금 한번 해볼래요?"

소개팅 자리에서 처음으로 만난 여자에게
남자의 분신과도 같은 차의 핸들을 망설임 없이 내어준다 했으니까.
그 마음이 정말일까 궁금했다.
물론 운전대를 잡는 맛은 말할 것도 없고.

근처의 공터에서 이뤄진 그의 하루짜리 운전교습은
참으로 유쾌하고 즐거웠더랬다.

‘그게 아니잖아요!, 이렇게 해야죠!’라는 채근의 말이 아닌,
‘운전에 소질 있어요!, 죽으면 같이 죽을 거니까 걱정 마요!’라는
격려의 말을 아낌없이 날려주는 그가 남다르게 느껴졌다.
그 순간만큼은 그가 내 남친이 된 것만 같은 기분마저 들었고.

즉흥적으로 잡았던 운전대에서
그를 향한 특별한 감정이 피어났던 걸까?

그 뒤 얼마간 우리 둘 사이엔 미묘한 줄다리기가 이어졌다.
힘든 건 내 쪽이었던 듯싶다.

뭐든 솔직담백한 스타일인데도 불구하고
어떤 날엔 만나고 싶어도 만나고 싶지 않은 척,
어떤 날엔 좋아해도 싫은 척을 해야 했으니까.

이런 나와 달리,
그는 내 마음속에 로그인과 로그아웃을 자유자재로 반복해나갔다.
결국, 난 하얀 백기를 든 채 투항하고 말았고, 쿨하게 인정하기로 했다.
그의 세련된 밀당 기술에 넘어갔다 할지라도
내가 원했던 건 분명
그저 그런 몇 번의 Some이 아니라
단 한 번이라도 특별한 Something을 주고받을 수 있는 사이라는 것을.

젊음의 특권 중 하나는 연애라고 했다.
이 말에 일부 동의했던 난, 언젠가 연애의 기회조차 박탈당하기
전까지는 되도록 많은 연애를 해야겠다고 다짐했고.
그렇게 수많은 소개팅을 하는 동안, 이런저런 밀당남을 만나가며
데이트를 하곤 했다.
하지만 그런 만남을 이어갔던 건, 분명 연애를 위한 연애가 아닌
그들이 내 사랑일 수도 있겠다는 기대감 때문이었다.

여자에게 사랑은,
결코 짧고 가벼운 감정으론 완성되지 않는다.
무릇 사랑이라는 것은,

한 사람의 이름 세 글자가
누군가의 필생에 남을만한 고유명사가 되는 건 아닌지.

그러니 내 마지막 사랑이여!
나를 만날 때까지,
그댄 분명 다른 여자에게 돈 쓰고, 시간 쓰고, 마음도 쓰겠지만.
이것 하나만은 알아줬으면 좋겠다.
부디 연애만이 아닌, 사랑을 하기를….
그렇게 당신에게 속한 사랑을 하나씩 완성하면서 내게 오기를.

나는 그렇게 생각한다.
사랑에 빠진다는 건, 결국 '설국열차'를 타게 된 것이라고.
한번 오르면, 내릴 수도 없고 멈출 수도 없으니까.
혼자 하던, 둘이 하던 그 끝이 나기 전까지는….

그 때가 오면,
결혼할게요

"나, 결혼하기엔 너무 늦은 걸까?"

가뭄에 콩 나듯 들어오는 소개팅을 마친 동갑의 그녀가
한숨을 푹 쉬며
솔로 친구들을 집합시켰다.

"결혼해도 지금처럼 구속 없이 편하게 살고 싶대.
생활비는 매달 절반을 부담할 거고,
지금 하는 취미 생활들도 그대로 할 거고,
애는 웬만하면 낳고 싶지 않다나.
그러려면 룸메이트를 구하지, 왜 결혼하려고 하는 거야?
어떤 여자를 울리려고."

"그냥 똥 밟았다고 생각해."
"네 인연이 어딘가에 있을 거야."
"이참에 듀오에 가입하자."

어처구니없는 차도남을 만난 그녀를 위로하는 친구들의 이야기를 듣다가
소개팅남이 이렇게 차갑게 변해버린 이유를 생각해봤다.

그도 처음에는 안 그랬을 텐데….
스무 살, 처음 사랑을 시작했을 때만 해도
'별도 달도 다 따줄게!'라며

첫사랑에 순정을 다 바쳤을 텐데.
그렇게 몇 번의 반짝이는 사랑을 하고 결국 혼자가 된 뒤,
'사랑 따윈 필요 없어'라며 있는 듯 없는 듯한
액세서리 같은 여자를 찾는 거겠지만….
그런 그의 마음도 이해하지만,
과연 '한 지붕 아래, 각자의 삶'을 사는
결혼 생활이 행복할 수 있을까?

올해로 서른다섯이 된 나.

스물다섯, 직장 생활을 시작했던 무렵만 해도
'때'가 되면 좋은 남자를 만나 시집갈 줄 알았는데.
그렇게 사랑의 조미료를 아낌없이 친 된장찌개를 끓여가며,
알콩달콩 꿀 떨어지는 결혼 생활을 할 줄 알았는데….

언제부턴가, "시집은 언제 가나?"라는 물음에,
"내년에요!"라는 웃픈 대답이 이어진다.
그 '내년'이 벌써 수년째,
올해도 또 이 레퍼토리를 반복해야 할 거란
확신이 든다.

귀에 딱지 앉도록 들어온 엄마의 말처럼,
결혼하기 좋은 때는 정말 정해진 걸까?

그래,
어릴수록 결혼하기 좋은 남자를 만난다는 게
맞는 말이긴 하다.
선택의 기회가 많다는 얘기일 테니까.
하지만 지금의 나이에서 주위를 돌아보면,
선택의 폭이 넓었던 친구들이 마냥 행복한 게 아니라는 걸
듣고, 보고, 느낀다.

어리다고 결혼하기 좋은 때가, 꼭 나의 '그때'는 아닐 거다.
결혼은 '옆에 누가 있어서', '나이가 차서' 하는 게 아니라
누군가에게 확신이 생길 때 하는 것이고,
그 확신에 찬 사람과 행복해지려고 하는 것이니까.
결혼은 삶 일부분일 뿐, 삶 자체는 절대 될 수 없으니까.

앞으로 내가 결혼할 '그때'가 언제 올지는 모르겠다.
그사이 선택의 기회는 계속 줄겠지만, 상관없다.
조급해하지 않으련다. 초조해 하지 않으련다.
이왕 늦은 거, 내가 하고 싶은 일을 하고,
내가 가고 싶은 곳을 가며, 그렇게 내가 되고 싶은 내가 돼보련다.
그러는 동안, 언제 어디선가 '바로 너였어!'라는 확신에 찬 그를
만날 수 있을 테니까.

결국, 끝끝내 그를 못 만난다면?! 뭐, 그래도 괜찮다.
어딘가에 있을 그와의 만남을 상상하면서
자신을 아끼고, 소중히 살아낸 시간 역시 분명 즐거운 삶이었다고
돌아볼 사람이 나라는 걸 알기에….

결혼 10년 차 결혼선배에게서 들었던 조언!

결혼을 했든, 하지 않았든 넌 너야.
그런 너를 즐겨.

이 문이 닫히면 저 문이 열리고

길은 항상 있다

그렇게 길은 항상 있었다

보스턴의 이사벨라 가드너 뮤지엄을 돌아볼 때였다.
'Yellow room'의 어느 캔버스 유화 앞에 섰고
그 안에 사는, 달빛 속 한 남자의 뒷모습에 발이 묶이고 말았다.
남들은 그냥 휙휙 지나가 버리는, 그저 평범한 그림인데.
나를 홀려버린 특별함이 궁금해 이리저리 살피던 중
그림의 제목 〈Moonrise〉를 발견했다.

이전엔 Sunrise만 듣고 살아왔던 터라
Moonrise를 깊이 생각해 본 적이 없었다.
그림을 앞에 두고 처음으로 'Moonrise, Moonrise…'를 읊자
눈에 보이지 않는 또 다른 세상이 내 앞에 모습을 드러내는 것만 같았다.
마치 '풀잎, 풀잎'하고 부를 때면
입속에서 푸른 휘파람 소리가 난다는 것처럼,
'열려라 참깨' 주문을 외우면 보물이 가득한 비밀의 문이 열린다는 것처럼.

마지막 관람객으로 박물관을 빠져나와 집으로 돌아오는 길.
전차 밖으로 둥근 달이 환하게 떠올랐다.
무심코 달을 앞에 두고, 다시 한 번 'Moonrise, Moonrise…'를 읊었는데,
그때 한 생각이 내 머릿속을 밝혔다.

'Sunset은 Moonrise로 이어지고
Moonset은 Sunrise로 연결된다.'

MOONRISE, SUNRISE

그렇다!
이 문이 닫히면 저 문이 열리고,
저 문이 닫히면 또 다른 문이 열리는 것이다.

그렇게 길은 항상 있었다.
다른 쪽 문이 열려 있다는 생각만 했더라면.

살면서, 이미 닫힌 내 앞의 문을 두고
더는 길이 없다고 생각했던 적이 얼마나 많던가.
분명 열린 저 문이 '여기야!'라고 열심히 사인을 보냈을 텐데.
미련스럽게도 그쪽으로 고개조차 돌리지 않았기에
새로운 기회를 열어줄 저 문마저 닫히게 되어버린 건지도.
결국, 이쪽으로도 저쪽으로도 가지 못한 채 발만 동동거리다가,
내가 만나지 않아도 될 '길이 없음'이라는 벽을 만나
멀리 돌아가야 했는지도 모른다.

이제 내 앞의 문이 닫혔다면, 이렇게 해보기로 한다.
우선, 마음껏 당황할 것, 필요하면 화도 낼 것.
그 다음, 이 문 대신 저 문이 열려있을 거라는 생각의 여유를 띄울 것.
마지막, 실제로 몸을 돌려 저 문을 열어볼 것.

그렇게 내게 열린 문을 하나씩 하나씩 열어가면서,
내 삶의 끝까지 가보면 알게 될 거다.
내가 생각하는 그곳에 다다랐는지는.

하고 후회하자

해가 넘어가자 도시의 모든 불빛이 일제히 켜졌다.
불빛과 함께 피어난 화려함이 쉴 틈 없이 펼쳐지는 이곳은,
라스베이거스.

베네시안, MGM, 플라밍고, 시저스 플레이스 등을 돌아다니며,
그들이 아낌없이 내어주는 상상 그 이상의 즐거움에
눈이 휘둥그레졌다.
'이게 정말 현실일까?'라는 생각이 들 만큼
누군가 만들어 놓은 완벽한 꿈에 들어온 거라는 착각이 들 만큼,
라스베이거스는 분명 아름답게 빛나는 곳이었다.

원래는 황량한 사막이었다던 이곳이
세상의 모든 즐거움이 반짝이는 오락의 도시로
변신한 걸 직접 경험하며, 난 좀 엉뚱한 생각이 들었다.

혹시 이곳에 알라딘의 요술램프가 숨겨져 있었던 게 아닐까?
어느 날, 누군가 우연히 램프를 발견하고는 손으로 쓱쓱 문질렀고
그러자 요정 지니가 나타나 '주인님, 뭐든 가능합니다!'라는 말과 함께
사막 위에 이렇게 어마어마한 도시를 만들어 놓은 건 아닐까?

문득 나에게도 "당신의 소원은 뭐든 가능합니다!"라는
요술램프의 지니가 있다면, 나는 무슨 소원을 빌까 싶어졌다.

내 소원은
아마도 "말하는 대로, 생각한 대로 뭐든 다 이뤄지는 삶을 살래요!" 일 거다.
그렇게만 된다면 주저 없이, 조금의 망설임도 없이
내가 살고 싶은 대로 하고, 하고 싶은 대로 살 테니까.

살다 보면, 해야 하는지 한참을 망설이는 일들이 있다.
하게 되면 얻는 것보다 잃는 게 훨씬 많은데도, 후회할 게 뻔한데도
자꾸만 그쪽으로 마음이 기울어질 때
난 스스로 이런 질문을 던진다.

'단 한 번의 젊은 나이를 어떻게 살고 싶니?'

그러면 대답은 항상 '하자! 하고 후회하자!'다.
왜냐면 내 젊음은 한 번 뿐이니까.
그걸 해서 당분간은 후회할 수 있지만,
평생을 후회하는 것보단 나을 테니까.

이제 더는 어린 나이가 아니기에 훨씬 더 어려운 선택일 수도 있지만
이제 어린 나이가 얼마 안 남았기에 어쩌면 좀 더 쉬운 선택일 수도 있다.

One way

외국 거리에서 만나는 표지판을 좋아한다.
길거리에 꽃처럼 피어있는 단순명료한 문구들이
아픈 마음을 처방하는 '내 인생의 한 줄'처럼 보이고 들리기 때문이다.

"다 늦어서 무슨 새 인생? 왜 사서 고생이야?"
"세상 일이 네 마음처럼 되지는 않는다고!"

나를 위한다며 앞뒤 안 가리고 쏟아낸 타인의 말에
마음이 요동쳤다.

'이 길이 아닌 걸까?'
'나 정말 늦은 걸까?'
'내 마음처럼 되지 않으면 어쩌지?'
조급해지고 다급해진 마음과 달리,
나의 상황은 계속 제자리걸음을 걷듯 앞으로 나아가지 못했다.

그렇게 다른 사람들의 말, 말, 말에 지쳐있을 무렵,
혼자 훌쩍 떠난 방콕.
딱히 목적지를 두지 않고 걷고 또 걸었다.

한참을 걷다가 어느 거리에 이르렀을 때,
길의 양 끝에서 서로 대치하고 있는 두 대의 차가 보였다.
하지만 길은 한 방향으로만 지나갈 수 있는 일방통행도로.

무심코 눈앞의 One way 사인을 만난 순간,
깜깜하기만 했던 내 마음속의 알 전구가 반짝였다.
'내 인생의 멘토는 나 자신!'이라는 불빛 같은 생각과 함께.

돌아보면, One way 사인 앞에서
'인생은 일방통행이다'라는 말은 아주 쉽게 떠올려 냈지만.
되돌아갈 수 없는 일방통행인 내 삶에서,
한 방향으로 뚝심 있게! 올곧게! 직진하게 만들 수 있는
유일한 사람이 나라는 사실은 생각해 내지 못했었다.

남을 의식하는 사회에서 살다 보니 그랬다.

부모님, 친구들 그리고 주변의 누구.
그들의 말에 의해서 이리저리 삐뚤거리면서 살아왔는지도 모른다.
어쩌면 내가 생각한 것보다 훨씬 더 많이.

내 인생,
남들을 믿고 가는 게 아니라 나를 믿고 가야겠다!
남들이 '안 된다'고 하면서 나를 주저앉힐 때,
'된다'면서 나 자신을 일으켜 인생의 길로 이끄는
진 짜 멘 토 는 결 국 나 자 신 일 것 이 다.

남들이 나를 부정하면 내가 몇 배로 긍정해주면 그만이다.

내 인생의 주인공

"이제 남 탓하지 않으려고요!"
그녀가 말했다.

일본에서 온 아끼꼬를 만난 곳은 호주 시드니의 보타닉 가든.

햇살이 예쁘게 떨어지는 공원 잔디밭에는
친구끼리, 연인끼리 혹은 혼자서 자유롭게 자리를 잡고
햇빛샤워를 받는 시드니사이더들이 가득했다.
그들 틈 사이로 까만 머리의 한 동양인 여자가 내 눈길을 사로잡았다.
조금의 미동도 없이 자리를 지키는 그녀의 시선은
줄곧 어느 휠체어 커플에 고정되어 있었다.

'뭐가 저 여자의 시선을 붙들고 있는 걸까?'
궁금해진 나는 그 커플을 가볍게 훑어봤다.
한 명은 휠체어에 탄 채 손에 책을 쥐고 있었고,
다른 한 명은 그 휠체어 옆에 앉아 물을 마시고 있었는데,
이게 뭐 특별할까 싶어 고개를 돌리려던 순간.

휠체어에 앉아 있는 이가 열중하고 있는 책이
〈Australia Guide book〉임을 확인하고는,

나도 그녀처럼 '그대로 멈춰라.'가 돼버렸다.

찬찬히 뜯어보니,

호주 여행 가이드북을 쥔 그는 다리가 불편한 장애인이었고,

그의 곁에 있는 다른 이는 이번 여행을 돕는 친구인 듯 보였다.

'해냈다'는 기쁨 때문인지 입가에 웃음꽃이 핀 채,

진지하게 가이드북을 살피며 다음 여행지를 고르는 듯한 그들.

그들의 소중한 휴식 시간을 숨죽이고 바라보는 동안,

내 심장에는 굉장한 폭발음이 들렸다.

그녀도 그랬던 걸까?

커플이 자리를 뜨고도,

그녀 역시 제자리를 빙빙 맴돌고만 있었다.

용기를 내어 그녀에게 다가가 말을 걸었다.

일본에서 왔다던 서른둘의 아끼꼬는

사고로 왼쪽 얼굴과 팔에 큰 화상 흉터를 입고

한동안 심장이 찢기듯 괴로웠다고.

그렇게 일본을 떠나 호주까지 흘러들었고,

오늘 이렇게 굉장한 순간을 만났다고 했다.

"평생 죽어도 못 잊을 순간이었어요!

몸이 불편한 사람도 저렇게 하고 싶은 걸 하면서 사는데,

저 사람에 비하면 나는 두 다리도, 두 손도 멀쩡하잖아요.

이젠 뭐든 다시 시작할 수 있을 것 같아요."

눈을 감으면 아직도 선한,

이전에도 이후에도 없을 특별한 경험이

자꾸만 떠오르는 요즘.

세상에 존재하는 불공평한 것들에 대해서 생각해본다.

그래, 세상은 분명 공평하지 않다!

예전에도 그랬고, 지금도 그렇고, 앞으로는 더욱 그럴 거다.

하지만 세상의 불공평만을 탓하기보다

스스로 내 인생의 주인공이 될 때,

인생에서 할 수 있는 일들이 더 많아질 수 있지 않을까?

휠체어를 타고도 세계 여행을 하는 누군가가 그러하듯이.

건강한 몸과 마음을 잃고도 살아갈 용기를 내는

또 다른 누군가가 그러하듯이.

나에게 꼭 필요한 것

뉴욕의 브로드웨이 거리를 걷다가 어느 상점에서
자석처럼 끌려 액자를 집어 들었다.
"이걸로 할게요!"

손에 들린 액자는,
어릴 적에 봤던 뮤지컬 영화 〈오즈의 마법사〉의 주인공들이
스케치 된 그림이었다.
시간을 거슬러 내게 온 듯한 반가운 마음에
그림을 들고 돌아왔다.

무언가에 홀린 듯 짐도 풀지 않은 채,
정겨운 친구들을 침대 머리맡에 세워 두고 한참을 뚫어지듯 바라봤다.
이들이 오즈의 마법사를 만나고 싶어 하는 이유를 기억해내면서.

'집으로 돌아가기를 원하는 도로시'
'명석한 두뇌를 바라는 허수아비'
'강심장을 원하는 양철 나무꾼'
'용기를 바라는 사자'

그 이유를 혼자 중얼거리다가, 순간 무릎을 탁 쳤다.
주인공들의 바람 모두가 나에게 꼭 필요한 것들이었기 때문이다.

난 〈오즈의 마법사〉 이야기를 가지고
내가 열연해야 할 영화 〈낯선 곳에서 살아보기 in 보스턴〉의
시나리오를 각색했는데, 내용은 이랬다.

'3개월이라는 낯선 삶을 무사히 끝내야 집으로 돌아가게 되는 나는,
낯선 환경에서 살아갈 지혜를 배워야 하고,
강심장을 지닌 채 어떤 일에도 단단해야 하며,
새로운 도전에 맞닥뜨릴 수 있는 용기를 내야 한다.'

하지만 네 명의 분량을 오롯이 혼자 담당하는 건 쉽지 않았다.
주연인 내가 어이없는 조연 배우와 특별출연 1, 2 들에게
어퍼컷 뒤퍼컷 당할 때가 꽤 많았으니까.

그렇게 내 마음과 몸에 무리가 오기 시작했고,
'더는 자신이 없다'며 용기를 잃어버린 채 집으로 돌아가려고 했을 때,
신기하게도 그림 속 사자가 나를 향해 웃으며 이렇게 말했다.
"너는 할 수 있어! 두려워도 할 수 있어!"
그를 따라, 용기를 부르는 그의 말을 외우고 또 외웠다.
"그래, 나는 할 수 있어. 두려워도 할 수 있어!"

두려움이 있는 곳엔 언제나 용기가 있다고 했다.
그 덕분이었을까.
난 1인 4역을 완벽하게 소화하면서
'올 테면 와라! 내가 다 상대해주마.'라는 엄청난 내공을 쌓았고,
울어야 할 순간들이 웃을 수 있는 순간들로 바뀌는 마법을 경험했다.

그 뒤로, 난 이런 확신이 생겼다.
'새로운 도전을 할 때, 두려움은 별책부록 같은 것이다.'

왜 수많은 명언과 잠언집에서는
'내가 하는 일에 의심하지 말라, 두려워하지 말라'는 말로
오히려 우리의 도전을 망설이게 만드는 걸까?

지금껏 해보지 않은 걸 새롭게 하는데,
마음 저 밑바닥에서 용솟음치는 두려움, 의심은 당연한게 아닐까.
우리는 신이 아닌데!

앞으로 이런 말이 보이거나 들릴 때마다
이렇게 고쳐 들으면 좋겠다.
'어떤 일에든 두려움은 너무도 당연한 거다.
하지만 두려움을 이길 용기가 내 안에 있기에
나는 두려움을 이겨 낼 것이다.'

티핑포인트(Tipping point)

호주 퍼스의 어느 쇼핑몰 안.

"Reached your Turing point?"
실시간으로 바뀌는 LED 광고판을 보다가,
문득 티핑포인트(Tipping point)를 떠올렸고
일순간 무릎에 힘이 쫙 풀려버렸다.
그동안 긴장했던 마음도 같이.

살다 보면, 원하든 원치 않던 누구에게나 터닝포인트가 온다.
내 인생 전체를 바꿀 기회를 놓치고 싶지 않아,
이 길에 섰지만……

'그때 다른 선택을 했더라면…….'이라는 부질없는 가정이
머릿속을 헤집고 다닐 때가 있다.

'내 지난 선택이 틀린 걸까?'
'그냥 그 자리를 지켰어야 했나?'

이 못난 생각이 자꾸만 커져, 내 마음의 집 천장에 걸린
'그대로 되게 하소서! 터닝포인트'를 적은 상량문에까지 이르자
덜컥 겁이 났다.

하지만 터닝포인트의 단짝인 '티핑포인트'를
떠올리고 나니, 겁에 질렸던 마음이 '그냥 웃지요!'가 되었다.

그래, 터닝포인트는 설사 틀려도 괜찮다!
내게는 아직 티핑포인트가 기다리고 있으니까.

작은 한순간 한순간을 태산같이 모아
크게 빵 터지는, 티핑포인트에 닿으련다.

무릎 수도 돌아갈 수도 없는 그때의 선택을 옳게 만드는 힘은,
결국 지금, 오늘 하루의 힘!

지워버리고 되돌아가기보단,
지난 선택을 곱씹느라 무심히 흘려보낼 시간을 모아
내 선택을 옳게 만들련다.

마음의 상량문에 새로운 기록을 새겨 넣어두었다.
'터 닝 포 인 트 , 티 핑 포 인 트 의 시 작 .'

패자부활전은 언제나 있다!

여행지도

친구와 만나기로 한 다운타운의 어느 쇼핑몰에 가기 위해
홍콩의 지하철 MTR을 탔다.
목적지 근처인 코즈웨이베이 역에서 내린 뒤
별생각 없이 눈앞에 보이는 출구로 역을 빠져나갔다.
지도에 표시된 가장 가까운 출구는 무시한 채.

'도대체 어디가 어딘지 알 수가 없네.
내가 이렇게 길눈이 어두웠던가……'

거리에 넘쳐나는 쇼핑몰과 레스토랑 때문에
잘못 나온 출구 쪽에서는 도저히 목적지를 찾아갈 수 없을 것만 같았다.
어쩔 수 없이 지도에서 일러준 출구로 되돌아갈 생각으로
가방을 뒤적거려 아무렇게 쑤셔 넣었던 지도를 꺼냈다.

하지만 지금 와 돌아보면, 이런 아쉬움이 남는다.
처음 낯선 지도를 들고 길을 나섰을 때,
난 왜 지도를 읽어내던 순간순간을 즐기지 못했던
걸까.

지도를 펼치니, 세상에나!
그전까지 크게 주의하지 않았던 길의 생김새를 마주하고는 눈앞이 깜깜해졌다.
지도는 마치 두서도 없고 정리도 안 된, 꼬불꼬불한 수만 갈래의 길들이
이어 붙여진 하나의 그림처럼 보였고,
한번 들어가면 다시 빠져나오기 어려운 미로 공원처럼 느껴졌다.

이 길들 앞에서 난 눈뜬장님이나 마찬가지였다.
무엇에 홀린 듯 계속 같은 자리를 맴돌거나,
아니면 그 자리에서 점점 멀어져 갈 뿐이었으니까.
아, 완벽한 마이너스의 눈이란 이런 건지도!

문득 다른 여행길에서 내 손에 들렸던 지도들이 그리워졌다.
그땐 낯선 길이라도 척척 읽어내며 가고 싶은 곳을 찾아갔고,
내가 다녀간 곳에는 빨간 펜으로 별 모양을 남겨두기까지 했는데.

하지만 이번만큼은 달랐다.
지도를 아무리 뚫어지라 쳐다보고 째려봐도,
내가 지금 어디에 있는지 도무지 알 수 없었으니까.

결국, 지도 보는 것 자체를 포기하고
행인 몇 명에게 도움을 요청했지만
역시 제대로 된 방향을 찾지 못했다.

10분이면 족히 닿고도 남을 목적지를 한 시간이 넘도록 헤매고 있는 나….
말로 다할 수 없는 피로감과 짜증이 한꺼번에 몰려와 그 자리에 주저앉았다.
그런데 시계를 보고는, 다시 지도를 펼쳐 들게 됐다.
몇 년 만에 만나는 친구와의 약속 시각에 늦고 싶지 않았으니까.

그 후 어떻게 했는지 모르겠지만,
난 시간에 맞춰 약속 장소에 도착했고, 친구를 만났다.

지옥훈련에 가까운 지도 읽기로 호되게 고생한 다음 날.
미로 같은 길들이 조금씩 눈에 보이기 시작했다.
그렇게 난 이 지도를 들고 목적지를 찾는 데 점점 익숙해졌고,
나중엔 빨간 펜을 손에 쥐는 여유도 생겼다.

그리고 다가온 여행의 마지막 날!
언제 그랬냐는 듯 지도를 이리저리 돌려가면서
능숙하게 가고 싶은 곳을 찾아내는 내공마저 생겼다.

읽는 족족 틀리는 마이너스의 눈이
뭐든 척척 알아보는 미다스의 눈으로 거듭나다니.
보이지 않던 세상이 훤히 보이게 된 것만 같아
보배 같은 두 눈이 그렇게 고맙고 든든할 수가 없었다.

하지만 지금 와 돌아보면, 이런 아쉬움이 남는다.
처음 낯선 지도를 들고 길을 나섰을 때,
난 왜 지도를 읽어내던 순간순간을 즐기지 못했던 걸까.

시간이 조금 더 걸렸을 뿐,

결국 원하는 목적지에 도착했는데,

또 이렇게 난이도 최상의 독도법마저 마스터해 냈는데.

만약 과정을 즐거워했다면 결과의 기쁨이 몇 배로

커졌을 거란 생각을 하니,

결과만큼이나 과정도 소중하게 느껴진다.

지금 나는 그때처럼,

새로운 꿈으로 향하는 미로 같은 지도안에 들어와 있다.

언젠가는 반드시 닿게 될 목적지일 테니,

그리고 내 두 발로 디뎌낸 그곳에 별 모양을 그려 넣을 테니.

이번만큼은 한순간 한순간씩 즐기면서 가보겠다.

결과만큼 과정도 즐기면서!

로드맵

"미래에서 온 로드맵이 필요해!"
하버드생들에게서 들은 공통적인 성공 비결이었다.

세계에서 제일 이름난, 인기 있는,
새벽 4시 반에도 공부하는 학생들로 가득한 학교.
두말하면 입 아픈, 그 대학이 바로 하버드다.

보스턴에 머무는 동안, 이렇게 저렇게 다니면서
하버드생 친구를 몇 명 사귀게 됐다.
분 초 단위로 공부하며 미래를 만들어가는 그들로부터
하버드생의 성공비법에 대해 듣게 되었는데, 그 비결은 이러했다.

"우리는 입학하면서부터 자기 꿈에 이르는 로드맵을 그려.
그리고 완성된 지도에서 거꾸로 내려와,
지금 이 순간부터 해야 하는 일들을 차곡차곡 밟아나가지.
아마도 그게 우리가 새벽 4시 반에도
눈을 말똥말똥 뜨고 공부하는 힘일 거야."

—

고맙게도 그들은 로드맵을 그리는 방법에 대해서도
아낌없이 털어놨다.
"로드맵을 그리려거든
우선, 지금이 아닌 미래에 가서
'내가 하고 싶은 일'이 뭔지를 생각해봐야해.
그 다음, 그때 그 일을 하기 위해서 누구를 만나야 하고,
무엇을 해야 하는지 등
내게 필요한 내용을 확인한 뒤,
이를 구체적으로 계획하면 되는 거지.
잊지 말아야 할 게 있는데,
그건 로드맵의 핵심이 바로 '네가 하고 싶은 일'이라는 거야.
그 일을 기준으로 지도의 A부터 Z까지가 다 결정될 테니까."

'네가 하고 싶은 일'이라는 구절이
내 마음에 꾹 박힌 순간이었다.

결국, 성공 비결이라는 건
빤하지만 하고 싶은 일을 하는 것,
좋아하는 일에 빠지는 것이다.

ROADMAP

하고 싶은 일을 중심으로 삶이 돌아간다면,
좋아하는 일로 인해 세상이 핑크빛으로 물들게 된다면,
새벽 4시 반, 두 눈에 이쑤시개 딱 꽂아놓지 않고도
새파란 정신으로 그 일에 매달릴 수 있을 테니까.
그것도 즐겁게, 기쁘게!
분명 힘은 들어도, 그 순간을 으라차차! 이겨 내다보면,
좋아하는 일은 더 좋아하고,
잘하는 일은 더 잘하게 되니까.
적어도 나에게는 그러하니까.

나는 좋아하는 일은 잘할 수 있지만,
싫어하는 일은 잘하기 어려운 사람!
그런데도 한꺼번에 여러 가지 일을 한다거나,
무한 반복적인 일을 하는 등 잘하기 어려운 일을
남들만큼이라도 따라가겠다고,
나 자신을 얼마나 괴롭혔는지,
또 내 성공 가능성을 얼마나 갉아먹었는지…….

앞으로는 내가 하기 싫은 일을 못 한다고 움츠러들지 않고,
내가 하고 싶은 일을 더 잘하면서 살아가기로 한다.

답은 시간에 있다

"상해의 야경을 보려면, 여기만 한 명당이 없지."
상해와 사랑에 빠져 주재원 생활을 시작했다던 그의 안내로
어느 호텔의 33층 바에 올랐다.

주문한 칵테일 한 잔을 들고, 여유 있게 실외로 향했다.

"홍콩의 야경하고는 비교가 안 될걸!!" 하면서 나보다 더 들떠 보이던 그.
설마! 하던 나였지만, 그 밤의 상해는 분명 아름다웠다.
푸른 밤이 내려앉은 황푸강을 사이에 두고,
왼쪽으로는 화려한 푸둥의 조명등이 세련되게 반짝였고
오른쪽으로는 은은한 와이탄의 불빛이 따뜻하게 흘렀는데.
어울리지 않을 것 같은 풍경들이 희한하게 조화를 이룬
상해의 야경을 난 넋 놓고 바라봤더랬다.

눈 앞에 펼쳐진 이 독특한 풍광을 바라보면서
홍콩 야경과는 다른, 상해의 밤에만 있는 아름다움의 정체가 궁금해졌다.
그렇게 생각의 시선이 와이탄에서 멈췄다.

한때 프랑스 조계지 구역이었던 와이탄.

상해의 어제였다던 이곳이 만들어낸 특별한 매력에 취해있다가 보니,

과거(过去)라는 단어가 꽤 신비하게 느껴졌다.

어떤 주문에 걸리기라도 한 듯이 이 말을 계속 되뇌이다

'과거'라는 단어 속 '과(过)'라는 글자를 따로 떼어 보게 됐고,

'과(过)'에 숨겨진 마디(寸)의 시간을 발견하게 됐다.

왼쪽으로는 화려한 푸동의 조명등이 세련되게 반짝였고
오른쪽으로는 은은한 와이탄의 불빛이 따뜻하게 흘렀는데.

아주 짧은 마디(寸)의 시간이 쌓여
지나면(之) 만들어지는 하나의 거대한 시간 뭉치인 과거.

이런 과거가 오늘의 나를 말해주고 있을 테니,
살면서 시간만큼 정직한 게 있을까?

돌아보면, 어릴 적부터
'제가 하고 싶은 일이 뭘까요?'라는 질문,
또 이만하면 됐다 싶을 만큼의 일을 찾아놓고는
'이 일이 진짜 제가 좋아하는 일일까요, 제가 잘할 수 있는 일일까요?'라는 질문,
참 많이 하면서 살았다.
이렇게 저렇게 이 질문들의 답을 찾는 동안 내가 얻은 깨달음은 이렇다.
답 은 , 시 간 에 있 다 는 것 .
내 가 가 진 시 간 을 들 여 직 접 해 보 는 수 밖 에 없 다 는 것 .
가능하다면 더 어릴 때, 더 많이.
그리고 무엇보다 중요한 것은 한두 번 해보고 그만둘 게 아니라
일정한 시간을 두고 성실히 쌓아야 한다는 것이다.

솔직히 한 번에 '빵' 터져 신데렐라가 되는 누군가가 부럽긴 하다.

하지만 그렇지 않더라도, 별 개의치 않는다.

열심히 쌓는 시간이 없이 단번에 정상에 올라선 뒤

언젠가 뒤로 밀려날 생각에 잠 못 이루는 것보다,

내게 필요한 내공을 하나씩 쌓아가는 재미를 알아가도 좋으니까.

멀리 보면, 그게 훨씬 더 의미 있고, 훨씬 더 오래갈 수 있는 일일 테니까.

그래서 난 오늘도,

부지런히 내가 하고 싶은 일에 열심히 시간을 모으는 중이다.

이렇게 마디(寸)의 시간이 쌓여 커지면(大)

언젠가 내 지나간(辻) 노력이,

내 꿈에 도달(达)하게 해줄 거라는 희망이 있기에.

한 박자 일찍

샌프란시스코를 떠나기 전날.
게스트 하우스 집주인은 나를 앞에 두고 신신당부했다.
"여기는 3월 둘째 주 일요일부터 서머타임이 시작돼요. 공교롭게도 떠나는 날,
서머타임이 시작되니, 한 시간 일찍 앞당겨 준비해주세요."

밤 11시 반.
손목시계의 시간을 한 시간 앞당기고 잠자리에 들었다.

하지만 잠이 쉽게 오지 않는다.
여행을 왔으니 언젠가 떠날 거라는 건 알고 있었지만
막상 떠나는 날이 다가오니,
이게 마지막이라고 생각하니 마음이 휑해져서
'다시 한다면 지금보다 훨씬 더 잘할 수 있을 텐데….'라는 아쉬움마저 들고.

재깍재깍, 재깍재깍…….
베개 옆에 놓아둔 시계에서 흘러나오는 유별난 초침 소리.
보내고 싶지 않아도 보내야 하는 순간은 이렇게 다가오나 보다.

문득 내 서른 시절의 마지막 날이 떠오른다.
5년 뒤면 내게 다가올 그때도 이런 기분이지 않을까?

마흔을 앞둔 39살의 나는 과연 어떤 삶을 살고 있을지 궁금해진다.
결국, 둘 중 하나일 거다.

내가 어떤 사람인지, 무엇을 원하는지를 분명히 알고
나란 사람에 충실한 삶을 '살아가던지',
제2의 사춘기를 뒤로한 채, 나란 사람을 모른척하며
세상에 고분고분한 삶을 '살아지던지'.

아무래도 첫 번째 삶이 마음에 든다.
그편이 내 인생이 더 멋진 방향으로 흘러가는 것 같고,
그렇게 사는 동안 내 삶에 베어진 좋은 세월의 냄새가 나는 것 같으니.

앞으론 더욱, 사는 대로 생각하지 않고 생각한 대로 살아가야겠다.
첫 번째 삶에 다다르려면.

가는 중간 중간,
한 시간 일찍 시작하는 서머타임처럼
한 박자 일찍 서른 시절과 이별하고,
마흔 시절을 앞당겨 만나보면서.

그렇게 내 인생을 3.0 버전에서 4.0버전으로
미리 업그레이드 할 수만 있다면,
'서른 후반전'은 훨씬 더 분명하고 또렷해질 테니까.

너의 마음에 이어폰을 꽂으면

인간에 대한 예의

진심을 포장한다

푹푹 찌는 무더위를 헤쳐 가며 저녁 초대를 한 지인의 집에 들어섰을 때,
"덥지?! 시원한 물 한 잔 줄게!"라며
환하게 웃는 그녀가 레몬수 한 컵을 건넸다.

얼음이 퐁당 투하된 와인 글래스에
동동 떠 있는 산수유 빛 레몬 한 조각을 보고는,
상큼한 레몬 향이 솔솔 풍기는 얼음물 한 모금을 들이키고는
기분이 무척이나 상쾌해졌다.

레몬수를 시작으로,
푸른빛이 감도는 폴스카 접시에 소담히 담아낸 음식,
식탁 위에 정갈히 놓인 물망초 꽃병,
은은히 퍼지는 라벤더 향의 소이 캔들,
느낌 충만한 피아노 선율을 쏟아내던 '씨크릿 가든'의 음악까지
저녁을 먹는 내내 그녀가 준비한 정성을 하나하나 맛보았다.

사실, 저녁 메뉴는 그다지 화려하지 않았다.
누구나 쉽게 만들 수 있는 까르보나라, 리코타 치즈 샐러드,
그리고 레드 와인 한 병.
하지만 그녀가 정성을 담아 만들어낸 특별한 분위기는
그 어떤 고급 레스토랑에서 대접을 받은 것과도 비교할 수 없이 아름다웠다.
그녀가 식탁 한쪽에 놓아둔
'나를 잊지 마요'라는 뜻을 가진 물망초의 꽃말처럼,
내게는 잊을 수 없는 한여름 밤의 꿈같은 기억이 되었다.

'나를 잊지 마요'라는 뜻을 가진 물망초의 꽃말처럼, 내게는 잊을 수 없는 한여름 밤의 꿈같은 기억이 되었다.

PRESENT

그녀는 분명 알고 있었을 것이다.

옷이 날개라는 말처럼,

이왕이면 다홍치마라는 말처럼

평범한 재료라도 특별하게 포장해, 대접하는 손님의 품격을 높여주고

더불어 자신의 품격까지 반짝 들어 올릴 수 있는 진심 포장법을.

흔히 '포장을 한다'는 말은 '겉으로만 그럴듯하게 꾸민다'라는 의미로 쓰인다.

'진심은 통한다'는 말은 불변의 진리이니,

'진심을 포장한다'는 말은 왠지 좋지 못한 뜻으로 받아들여지기까지 하지만.

진심이 마음에서 우러나올 경우,

진짜 진심 위에 예쁜 포장까지 더해진다면 어떨까.

진심은 분명 몇 배의 가치가 되어 상대에게

전달 될 것이고,

이 때문에 더 특별한 우정이나 사랑을 쌓아갈 수 있게 되지 않을까.

이어폰을 꽂으면

차가운 바람이 불던 어느 밤,
따뜻한 라떼 한 잔에 어울리는 서정적인 음악들을 골라냈다.

선곡한 음악을 듣기 위해
노트북을 켠 뒤 음악 플레이어의 듣기 버튼을 눌렀다.
작동은 되면서 음악은 돌아가는데, 소리가 나오질 않는다.
째려보기도 하고 눌러보기를 해도 반응이 없자,
혹시나 하는 마음으로 이어폰을 꽂아봤다.
그러자 신기하게도, 아무 일도 없다는 듯 깨끗한 소리가 울려 퍼진다.

아, 그때 너의 마음에도 이렇게 이어폰을 꽂았어야 했는데….

생각이 비슷하고 마음이 통하는 한 친구가 있었다.
꽤 오랜 시간 동안 우린 어디를 가든, 무엇을 하든 언제나 함께하면서
서로에게 가장 가깝고 소중한 존재가 되었다.
만약 남녀 사이였다면, 분명 '너는 내 운명'이라고 외칠 만큼.

하지만 그녀가 지방으로 이사하고 난 뒤
예전처럼 자주 볼 수 없게 되었고,
나 또한 이직한 회사에 적응하느라 바쁘게 되자,
촘촘한 우리 사이에 틈이 생기기 시작했다.
그리고 그 갈라진 틈이 자꾸만 벌어지면서 결국 연락마저 끊기고 말았다.

생각해보면,
우리 사이엔 분명 서운하다, 보고 싶다 등의 멜로디가 흘렀을 텐데.
나도, 그녀도 그 멜로디를 듣지 못했다.
자신의 마음을 먼저 살피느라 상대의 마음을 헤아리지 못했다.

다음날, 노트북을 들고 A/S 센터를 찾았다.
"이어폰을 꽂아야 들리는 건 노트북의 주요 장치 중 하나인
메인보드 문제로 보이네요. 교체하셔야겠어요."

메인보드를 교체하면서,
오래전 헤어진 친구의 전화번호를 조심스레 눌렀다.

두근두근, 그녀가 전화를 받을까?

"여보세요, 오랜만이야! 잘 지냈어?"
"진짜 오랜만이다. 어떻게 살았니?"

우 리 는 그 렇 게 헤 어 지 기 전 의 그 때 로 돌 아 가 있 었 다 .

나란 사람, 참 어리석었던 것 같다.
그녀가 어떤 사람인 줄 알기에
내가 먼저 그녀의 마음에 귀 기울여 줄 수도, 다가설 수도 있었는데.
그랬다면 연락이 끊겼던 지난 시간 동안
우리 사이엔 그녀와 내가 만들어낸 아름다운 하모니가 울려 퍼졌을 텐데.

문 득 사 람 사 이 의 관 계 도
A/S 될 수 있 을 거 란 생 각 이 든 다 .
지금까지 나 때문에, 너 때문에, 누구 때문에
엉망진창이 된 관계여도 상관없다.
예전으로 돌아가고 싶은 사람의 마음에 이어폰을 꽂고,
그 사람의 입장에서, 그 사람의 마음에서 생각해주면 될 테니까.
그렇게 그 사람이 듣고 싶고, 받고 싶었던 말을 해주면 될 테니까.

맞는
그림 찾기

"앗싸!"
내 그림과 반대편 그림의 틀린 부분을 찾아낼 때마다
숨겨진 보물을 찾아낸 것처럼 신이 난다.
어느새 주어진 시간이 끝나고,
틀린 곳을 찾아낸 개수에 따라 점수가 매겨진다.
그리고 최소 60점 이상이어야 다음 단계로 넘어가는데….

그런데 이 게임, 왠지 낯설지 않다!

그 옛날, 내가 사람들과 만나고 헤어질 때 했던
'틀린 그림 찾기'와 아주아주 비슷하다.

내 생각을 기준점으로 상대의 틀린 그림을 찾아내기 시작해서
약속에 늦는가, 거짓말은 자주 하는가 등의 자체 평가표로 점수를 매긴다.
만약 총 10개의 항목 중 5개 이상이 체크돼 60점을 넘기지 못하면
상대는 '내 사람 리스트'에 오르지 못하고,
게임은 종료된다.

지금 와 돌아봐도 아찔하다.
이런 엉터리 게임으로
내 마음, 내 뜻과 다른 사람을 골라낼 수 있다고 생각했다니.

인연의 소중함을 모르던 시절이었기에,
나와 다른 그들이 결코 틀린 게 아니라는 것을
진심으로 받아들이기는 쉽지 않았을 것이다.

다른 건 틀린 게 아니라는 걸 가슴으로 이해한 지금은,
사람을 만날 때 '맞는 그림 찾기'를 한다.
'이건 이래서 좋고, 저건 저래서 좋다'라는
상대의 좋은 점을 먼저 본다.

신기한 건, 상대의 좋은 점을 찾다 보면
어느 순간 그 사람이 좋은 사람으로 보인다는 것이다.
또 그가 내게 좋은 사람이 되면,
그 때문에 기분이 나쁘거나 불편한 일을 겪어도
'이까짓 거 뭐'라며 너그럽게 넘어갈 수 있는 여유가 생기고
게임의 끝에선 그가 '내 사람 리스트'에 오르게 된다는 것이다.

세상에 좋은 사람보다 싫은 사람이 훨씬 더 많은 이유는
결국 상대의 틀린 그림만 찾고 있기 때문이 아닐까.
내 기준으로 나는 옳고, 너는 틀리다면서,
내 편, 네 편을 가르면서.

싫은 사람보다 좋은 사람이 더 많은 세상에 살고 싶다면
오늘부터 상대의 맞는 그림을 찾아보면 어떨까.

찬물 한 컵

"국수가 팔팔 끓어오를 때, 찬물 한 컵으로 숨을 죽여주세요."
TV 속에서 국수를 맛있게 삶는 비법이 흘러나오고 있었다.

문득 오래전 남자친구를 앞에 두고
찬물을 벌컥벌컥 들이켰던 기억이 떠오른다.

"내 말은 그런 뜻이 아니었어."
그와 나 사이에 깊어진 오해를 풀고 싶었기에,
나로서는 어렵게 그의 마음을 똑똑 두드렸다.

하지만 내 의도와는 달리 우리의 대화는 점점 험해져만 갔다.
남자친구의 가시 돋친 말들에 나도 기분이 상해
더는 그의 말이 들리지 않았을 때,
나도 그에게 모난 말들을 던지고 싶어졌을 때,
눈앞에 보이던 찬물 한 컵.
벌컥, 벌컥, 벌컥.
그렇게 연거푸 3번의 '참을 인' 자를 새기면서, 난 냉정함을 되찾았다.

그리고 신기하게도
남자친구가 내게 준 상처를 되돌려주지 않은 채,
"그래, 알았다"라는 말을 끝으로, 그 자리를 떠났다.
그때 나의 성정으로 봐서는
'눈에는 눈, 이에는 이'라며 그에게 아픈 말들을 쏟아냈을 법도 했는데.

지금 와 돌아보니, 참 기특한 행동이었구나 싶다.

그에게 난 어떤 사람으로 남아 있을까 궁금해진다.
최소한, 나처럼 돌아보기에 아픈 기억은 아닐 것이다.

오랜만에 예전 남자친구의 행동을 곱씹으니,
또 한 번 찬물 한 컵을 벌컥벌컥 들이키게 됐다.
그리고 이런 생각이 들었다.

'그때 난 찬물 한 컵으로 감정에 충실한 법이 아닌,
감정을 존중하는 법을 배워냈구나.'

살면서 감정에 충실해라는 말, 참 많이 듣는다.

뭣 모를 땐, 이 말이 무척 좋았다.

자신의 감정을 속이지 말라는 말로,

자신의 감정에서 자유로워지라는 말로 들렸기 때문이다.

하지만 이런저런 일들을 겪고 난 뒤,

감정에 충실한 것은, 결코 감정을 존중하는 게 아니라는 걸 깨달았다.

감정에 충실하다는 건

지금 느끼는 기분에 솔직하게 행동한다는 것인데,

그렇게 하다 보면 결국 감정에 휘둘리게만 된다.

이와 달리, 감정을 존중한다는 건

지금 느끼는 기분을 충분히 인정해주되

이 감정에 어떻게 반응하고 싶은지를 생각하고 난 뒤, 행동하는 것이다.

펄펄 끓는 마음에 생각의 여유 한 컵을 부어가며

내 뜻대로 내 감정을 풀어내는 이 방식이야말로

감정에서 진짜 자유로워지는 법이 아닐는지.

나 자신을 포함한 누군가를 향해 감정에 충실하고 싶을 땐

찬물 한 컵으로 끓어오른 마음의 숨을 가라앉히면서,

감정 존중에 대해 생각해 보면 어떨까.

Manner

친구의 이삿날.
짐을 날라주고 정리까지 마쳤더니, 시간은 오후 3시.
늦은 점심으로 짜장면과 탕수육을 폭풍 흡입하고 나서
다 먹은 그릇들을 치우던 중이었다.

개수대로 간 그녀는
"다 먹은 그릇 좀 가져다줄래?"라며 내게 손짓했다.
내가 영문을 모르겠다는 표정으로 눈을 말똥거리자,

"깨끗이 씻어서 돌려주려고.
그럼 파리도 안 꼬이고, 가져가기도 편하잖아."라며 당연하듯 말한다.

세상이 부쩍 각박해지고 있음을 느낀다.
그렇기에 모든 것을 내 중심으로 생각하는 건
어쩔 수 없는 시대의 흐름이라 여겼고.
나 역시 그 방향을 따라 나만 편하고 쉬운 방식으로 세상을 살아왔지만.
그 사이 누군가는 자신이 조금 불편하고 덜 쉬운 방식으로
남을 배려하면서 살아왔다.
내 친구처럼.

돌아보면, 외국을 여행할 때마다
그 나라에서 제일 부러웠던 건 이런 배려심이었던 것 같다.
문 여닫을 때 뒷사람이 문을 이어 잡을 수 있도록 기다려주고,
엘리베이터에 모든 사람이 오를 때까지 Hold 버튼을 눌러주고,
골목길 지날 때 자동차가 사람에게 길을 양보해주는 그런 마음 씀씀이.

하지만 이상하게도,
외국에서 그들을 따라 쑥쑥 키워낸 마음은
매번 인천 공항에 발을 디디는 순간, 홀랑 잊히고 말았다.
새하얗게 지워지고 말았다.

왜 그랬던 걸까?
정말 어려운 일이 아닌데….

다행스럽게도, 친구의 남다른 행동으로
내 안에 잠자고 있던 배려의 마음이 기지개를 쭉 켠 듯하다.
그녀처럼 나도 배달음식 식기는 깨끗이 씻어 돌려주고,
우유 팩은 물로 헹궈 말린 다음 납작하게 접어서 버리고,
쓰레기통이 없는 곳에서 내 쓰레기는 가방에 넣어 되가져오고 있는 걸 보니.

영화 〈킹스맨〉의
"Manners maketh man(매너가 사람을 만든다)."라는 대사가
왠지 나를 위한 말처럼 느껴진다.
'남들도 다 그러니까, 나도….'라는 변명은
여기까지.
이제부턴 하나씩 조금씩 배려하면서 Manner 있는 사람으로 성장하련다.
작 은 변 화 가 큰 차 이 를 만 들 수 있 을 테 니.

물론 처음부터 쉽지는 않겠지만
작심삼일이라도 열 번 하다 보면, 되는 날이 오겠지.

친구란 그런 게 아닐까?
파릇파릇한 미혼일 때 한 마음으로 하나 되고,
결혼하고 애들 키울 때 두 마음으로 갈라져
각자 사는데 바쁘다가,
흰머리 희끗희끗해질 때 다시 만나
알록달록 등산복 입고 여기저기 다니며 또
한 마음이 되는 사이.

언젠가 우리 다시

연락이 끊겼던 친구로부터 느닷없이 날아온 청첩장.
그동안 받았던 수많은 청첩장에 대한 생각이 겹겹이 돌고 돈다.

솔직히 고백하건대,
사회생활을 어느 정도 하고 난 뒤부터
청첩장은 보이지 않는 청구서요, 미루고 싶은 약속이 되어버렸다.
연락이 끊겼던 친구들, 회사 동료들의 것만 세어보아도
해외여행 두세 번은 다녀오고도 남을 정도의 축의를 보였지만.
도대체 그게 언제 회수될지, 어쩌면 영영 안 될지도 모른다는
불안감이 커졌기 때문이고.
혹시나 결혼식장에 다녀오기라도 하면,
황금 같은 주말의 하루를 고스란히 잃게 되는
그 종이 한 장이 달갑지 않았기 때문이다.

하지만 이제는
몇 년간의 공백을 깨고서라도 연락을 해오는 친구들의 마음이
'얼마나 다급했으면' 하고 이해가 된다.
결혼식 날, 기념사진 찍을 때 신부 측 친구 자리가 휑하면
마음이 아주아주 썰렁할 테니,
급하게 청첩장이라도 보내 사람들을 불러 모으고 싶었을 거다.

손에 쥔 청첩장을 마주하며 문득 멀어져간,
한때 마음을 툭 터놓고 지냈던 친구들이 궁금해졌다.
애를 낳은 순간부터
"밤잠 못 자는 건 기본, 맘껏 씻지도 못해.
아기가 울어서 일도 화장실 문 열고 본다, 야."라는 애기를 반복하다가
내 곁에서 사라져 간 그녀들.
한참 서운하기만 했던 그때엔
미처 놓쳐버린 '친구'의 의미가 머릿속에 그려진다.

친구란 그런 게 아닐까?
파릇파릇한 미혼일 때 한마음으로 하나 되고,
결혼하고 애들 키울 때 두 마음으로 갈라져 각자 사는데 바쁘다가,
흰머리 희끗희끗해질 때 다시 만나
알록달록 등산복 입고 여기저기 다니며 다시 한마음이 되는 사이.
마치 함께 800m 오래달리기를 하는 것처럼 말이다.
100m 단거리 달리기에선 친구가 내 옆에 있나 없나 한눈에 보이지만,
800m 장거리 달리기에선 친구가 보이다가 안 보이기도 하니까.
하지만 분명한 건 반환점을 돌면 반드시 만나게 되어 있다는 것!

이렇게 생각하니 마음을 나누던 친구가
지금 당장 내 옆에 없어도, 내 눈에 안보여도 상관없을 것만 같다.

친구의 청첩장이 반가워진다.

애를 낳고는 또 사라질 테지만,

훗날 아기 돌잔치 할 때 다시 연락을 해왔으면!

그런 자리를 빌어서라도 그녀의 모습을 한 번 더 볼 수 있어 반가울 테고,

그 덕분에 다른 친구들까지 한 자리에서 만날 수 있어 즐거울 테니.

친구들아, 언젠가 우리 다시

고운 등산복 입고 전국 방방곡곡을 함께 유람하는 날이 오겠지?!

그 때 까지 가끔씩 너희들의 안부 좀 전해주렴!

다트

오랜만에 만난 친구들과 펍에서 다트 놀이를 했다.
뾰족한 끝을 가진 작은 화살이 과녁을 향해 날아간다.
"명중이다!"를 첫 신호로, 연거푸 하나의 과녁에 꽂히는 형형색색의 화살들.

뒷담화란 다트 놀이의 다른 이름이 아니겠느냔 생각이 든다.
한 사람을 과녁에 올려놓고,
싫은 이유가 적힌 화살로 그 사람을 사정없이 공격하는 것.
그 사람이 아픈 것 따윈 아랑곳하지 않고,
그 사람의 상처 따윈 헤아리지 않고서 말이다.
그러나 뒷말은 분명 자신에게 좋지 않은 방식으로 되돌아오게 된다.

'왜 욕을 하고 다니는 걸까?'

한 선배가 회사 여기저기에 내 험담을 하고 다녔다.
회사 생활이 다 그렇다 치더라도 기분이 상하고 억울했던 건 분명하다.
하지만 알고 보니 그녀는 누군가의 뒷말을 삶의 활력소로 삼는 사람.
별 신경 쓰고 싶지 않아 그런가 보다 하고 넘겼지만

그녀가 내뱉은 험담들이 내 귀에 들려온다는 것이
유쾌한 경험은 아니었다.
그나저나 그 선배는 알았을까?
아끼던 지인들이 자신의 뒷말을 한다는 걸.
아무도 자신을 믿어주지 않는다는 걸.

이 일을 겪고 난 뒤
난 원래도 좋아하지 않던 뒷말을 더욱 즐기지 않게 됐다.
누군가를 험담하면서 보내는 시간이 너무 아깝기 때문이고,
그런 행동들이 결코 나에게 도움이 되지 않는다는 걸 알기 때문이다.

하지만 가끔 나와 너무 다른 사람을 만나게 되면,
다름이 틀림에 가깝다고 느끼게 되면,
그에 대해 뒷말을 하고 싶은 충동에 사로잡힐 때가 있다.
그때마다 스스로에게 이런 질문을 한다.

"내 마음 가벼워지고 싶어서, 속 좀 풀고 싶어서
지금 던지려는 이 말을 당사자 앞에서 할 수 있을까?"

누군가를 험담하면서 보내는 시간이 너무 아깝기
때문이고,
그런 행동들이 결코 나에게 도움이 되지 않는다는
걸 알기 때문이다.

앞에서 할 수 없는 말은 뒤에서 하지 않기로 한다.

그런데도 가라앉지 않는, 정말 꼭 해야만 하겠는 말은
당사자와 전혀 상관없는 제3의 대나무숲을 찾아 해결한다.
혹시라도 내 험담이 그의 귀에 들어가지 않도록.
그의 마음을 상하게 하지 않도록.

앞으론 뒷말의 주인공이 된다 해도 크게 끄떡 없어야겠다.
나를 좋아하지 않는 건 그들의 문제이지, 나의 문제는 아니니까.
난 그들의 미움을 곧이곧대로 받아들이지 않으면 그만이고,
또 그들의 뾰족함을 풀어 한 발 더 나아가는 힘으로 삼으면 그만이다.

부러우면 지는 거다

'부러우면 지는 거다!'
이 말은 부러워하지 말라는 뜻인데,
내가 갖고 싶은 걸 가진 누군가가 부럽지 않다면
그건 나를 속이는 거다.
그 마음은 사람인 내가 어찌할 수 없는 감정일 테니.

하지만 이를 질투심으로 깎아내릴지,
아니면 앞으로 나아가는 힘으로 삼을지는
내가 어찌할 수 있는 선택임이 틀림없다.

"이 계단을 올라야 서재에 닿을 수 있어요."

어린 나이에 성공을 거머쥔 그녀는 나를 그녀만의 서재로 안내했다.
한쪽 벽면이 책장으로 빼곡한 집은 몇 차례 만났지만,
자기만의 서재가 따로 마련된 집은 처음이라 마음이 설렜다.
그리고 설렘과 함께 부러움이 폭발했다.

'운이 좋았던 거겠지.'
'부모를 잘 만났던 거겠지.'

엄청난 폭발음과 함께 흘러넘친 부러움이 질투라는 감정으로 변할 무렵,
문제의 서재에 이르는 계단 앞에 섰다.
복잡한 내 마음과는 다르게
가벼운 발걸음의 그녀는 먼저 올라가 나를 향해 손짓했다.

그런데 그녀가 밟고 오른 계단을 보고는,
또 저만치 위의 그녀가 내게 한 말을 듣고는
더는 질투를 할 수 없게 되었다.

얼마나 자주 오르락내리락했는지
삐거덕삐거덕 소리음까지 내는 나무 계단에는,
Wish it, Dream it, Do it이라는 말이
차례차례 이름 붙여져 있었기 때문이고.

"계단을 하나씩 오르면서 이 말들을 마음에 새겼어요!"라는
그녀의 말이 내 마음을 흔들어 깨웠기 때문이다.

그랬다!
그녀는 저 위치까지 엘리베이터를 타고 단숨에 오른 게 아니었다.
자신이 올라야 할 계단을 하나씩 하나씩 밟고 올라갔던 것인데,
과정은 보지 않고 저 위에 있는 반짝이는 모습만이 부러워
그녀를 내가 있는 이곳으로 끌어 내렸던 것이다.

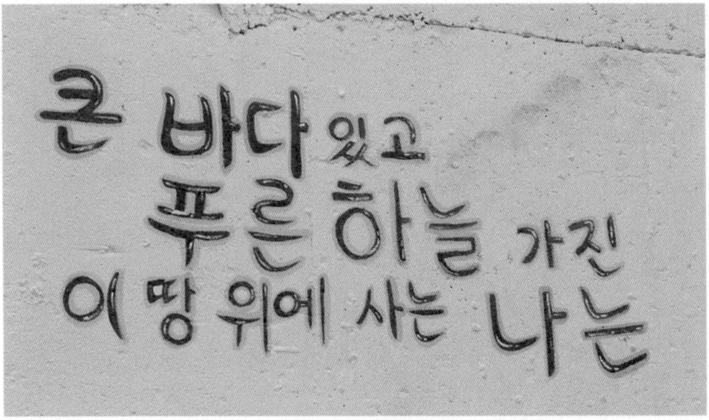

큰 바다 있고
푸른 하늘 가진
이 땅 위에 사는 나는

나름대로 시기와 질투는 멀리한다고 생각했는데….

평소와 달리 내 위시리스트 넘버 쓰리 안에 드는 꿈을 이룬 그녀를 만나니,

조급해진 마음이 잠깐 가출했었나 보다.

다시 마음이 제 자리를 찾았으니,

운이 따랐든, 부모의 도움이 있었든

그녀 스스로 애쓰며 얻은 값진 결과를 진심으로 축하해주기로 한다.

덕분에 그동안 별생각 없이 툭 던지던

'부러우면 지는 거다'라는 말이 새롭게 다가온다.

이 말을 한 꺼풀 벗겨내면,
'지지 않으려면, 거기 가라!'는 뜻일 거다.
내가 느낀 부러움을 마음에 들고,
한 계단 한 계단을 밟고 올라 부러운 그곳에
도달하라는 의미일 거다.

그렇다면 거기에 가는 사이,
나보다 앞선 누군가의 성공을 질투하기보단
축하해주는 마음이 더 필요하지 않을까.
그게 질투만 하는 어떤 누구보다도 나를 더 빨리 그곳에 도착하게 할 테고,
내 마음마저 편안하게 해줄 테니.

이제 누군가의 성공에는 무조건 기뻐해 주겠다.

수저 다섯 세트

식탁 위에 놓인 숟가락과 젓가락 다섯 세트.

이게 얼마 만이야!
마지막으로 온 가족이 함께 식사한 게
언제인지 기억이 잘 나지 않는다.

알록달록한 나물과 맛깔 나는 밑반찬,
짭조름한 맛이 일품인 고등어구이,
두부 한가득 된장찌개가 소박하지만 정겹다.

오랜만에 느껴지는 따스한 냄새와 기운에
내 앞의 젓가락을 들었을 때
'우리는 한 식구'란 사실이 피부에 확 와 닿는다.

한집에 살면서 밥을 같이 먹는 사이라는 식구(食口).
나에겐 혈연관계로 얽힌 집단인 가족이란 말보다
훨씬 다정하게 느껴졌기 때문에 어렸을 땐 무척 즐겨 쓰곤 했다.
매일 온 식구가 한 상에 모여 밥을 먹던
든든한 한 끼로 정을 나누던 그 시절에 말이다.

무슨 일이 일어나든
아무 조건 없이, 아무 이유 없이 나를 보살펴 줄 그들은
내게 공기 같은 존재임이 틀림없다.

하지만 머리가 커가면서 밥을 먹는 시간이 들쑥날쑥해졌고,
다 함께 밥을 먹는 기회는 자꾸만 줄어갔다.
그토록 정겨워하던 식구란 말을 잘 쓰지 않게 된 건
아마도 이때부터였던 것 같다.

오랫동안 잊고 있었던 식구란 말을 다시 기억해 내고는,
가족이 내게 주는 의미를 되짚어 본다.

엄마, 아빠, 동생들이 있는 가족이 없었다면
나는 세상과 어떤 끈도 연결되지 못한 외토리일 것이고,
지금처럼 험한 세상 위에 두 발로 당당히 설 수 없었을 것이다.
나는 아무것도 아닌 게 되는 거다.
무슨 일이 일어나든
아무 조건 없이, 아무 이유 없이 나를 보살펴 줄 그들은
내게 공기 같은 존재임이 틀림없다.
보이지도 않고 만질 수도 없지만,
그것이 없으면 살아갈 수 없는 꼭 필요한 상대.

그래서였을 것이다.

내가 보지 않아도, 내가 만지지 않아도

항상 그 자리 그곳에 있었기에, 내게 주어졌기에

그들의 존재를 당연하게 받아들였던 건.

당연함 때문에

미안할 땐 미안하다는, 고마울 땐 고맙다는 마음을

훨씬 덜 표현하면서 살아왔던 건.

이제부터는 어떤 누구에게 했던 것보다도

내 식구들에게 '미안하다' '고맙다'라는 마음을 표현하면서

살아야 한다는 생각이 든다.

할 수 있을 때, 하고 싶은 만큼 말이다.

다음번 가족 식사 때는 젓가락을 들어,

엄마가 좋아하는 나물을 밥 위에 얹어드려야겠다.

아빠가 좋아하는 생선을 발라 접시에 담아드려야겠다.

'맛있는 밥, 감사합니다.'라는 말과 함께.

와인 한잔

불타는 금요일.
혼자다! 와인 한잔을 손에 쥐고.

"금요일엔 클럽, 콜?"
"여름 휴가는 어디로 갈까?"
"송년 모임에는 남친 떼놓고 와야 해!"

스물 시절, 이렇게 불금을 함께 보내던 친구들이
연애와 결혼으로 하나둘씩 떠나가도 괜찮았다.
살짝 서운은 했지만, 여전히 내 곁에 남아 있는 비혼 동지들이 든든했으니까.

그런데 서른을 넘기고 난 뒤,
몇 안 남은 그들에게 갑작스러운 일들이 생겨나기 시작했다.
"오늘 남친이 서프라이즈하게 귀국했대. 미안."
"어쩌지, 오늘 급하게 부서 전체 회식이 잡혀서 빠질 수가 없어."
사랑보단 우정이 먼저라고 목청껏 외치던 그녀들이
사랑 따라 상황 따라 바뀌는 걸 지켜보면서 내 눈에 불이 번쩍했다.
두 주먹 불끈 쥐고 그녀들 앞에 가서 시위라도 하고 싶을 정도였으니까.

하지만 그 뒤로 몇 년이 지난 지금은
'콧대 높은 그녀에게 백 만년 만에 찾아온 사랑이 얼마나 소중했겠어.'
'회식 안가면, 그녀가 팀장 눈 밖에 날 텐데. 당연히 참석했어야지.'
라며 그럴 수밖에 없었던 그들을 이해하게 된다.

그때가 되어야만 이해되는 것들이 있듯이
서른을 훌쩍 넘긴 뒤에야
혼자 보내는 담백한 불금이 얼마나 소중한지를 깨달은 나.

내 20대의 불금은 승질껏 누구를 만나, 어디를 가고, 무엇을 해야 했다.
그래야만 내가 뒤처지지 않고, 뭔가를 이루는 줄 알았다.
'나는 누구, 여긴 어디'라는 존재의 확인을
누군가와 함께 했다고 해야 할까?

그런데 서른을 넘기고 나니, 불금을 혼자 보내는 경우가 많아졌다.
그야말로 나 자신과 보내는 시간이 늘어난 것이다.
초반엔 이 사실이 굉장히 어색하고 낯설었기에
금요일의 활활 불타는 열정을 TV 채널을 돌리거나
인터넷 가십 기사를 읽는데 쏟았다.
그러던 어느 날, 불금이 지나던 자정 12시 땡땡 종이 치는 순간!
내 마음에 이런 종이 울렸다.
'혼자만의 불금은 나를 만나는 기회다!'

그 뒤부턴 자꾸만 불어나는 나만의 시간을,
온전히 나에게 집중하며 산다.
혼자 하는 금요일이면 소파에 아무렇게 기대앉아
와인 한잔을 곁에 두고
좋아하는 음악을 들으며 흥얼거리거나
그리운 누군가에게 손편지를 쓰거나
잡생각 뚝 떨어져 나가는 전각을 새기기도 한다.
물론 아무 것도 안 한 채 편하게 잠이 들기도 하고.

그렇게 내가 하고 싶은 것을 하면서,
나 자신과의 만남을 소중히 하면서
혼자서도 잘 지내는 연습을 하고 있다.

청승맞다고?!
뭐 조금은 그럴 수도 있겠다.
하지만 애인, 심지어 남편까지 있는 친구들도 외로움을 토로하며
나보다 더 청승맞을 때도 있는데 그건 왜일까?
아마도 혼자 있는 시간을 견디지 못해서 그런 건 아닌지.

그런 그들을 보며 이런 확신이 생긴다.
앞으로 남은 생은 누구와 함께하든, 혼자 하든 분명 외로울 거라는 것.
그러니 나 자신과 잘 지내는 혼자 연습이 필요할 거라는 것.

부단히 키워낸 혼자 있는 힘으로 '따로 또 같이' 잘 지낼 수만 있다면
앞으로 내 남은 시간이 훨씬 더 풍요로워질 수 있지 않을까.

과연 무엇이 나를 행복하게 하는 걸까

나의 마음 들여다보기

나잇값

백화점의 편집숍에서 브라운색의 명함지갑이 눈에 들어왔다.
그동안 사용했던 것이 밝은색에 때가 많이 탔던 터라….

가격 tag를 확인하던 중,
문득 나잇값이란 단어가 오버랩 되었다.
내 나잇값은 얼마일까?

한 살 한 살 나이가 들수록
뭔가를 하지 않을 자유보다 뭔가를 해야만 하는 의무가
점점 늘어만 간다.
좀 더 점잖은 척해야 하고, 좀 더 있어 보여야 하고….
그렇게 나잇값 하면서 '어른'이 되어가고 있지만.
마흔을 넘고도 '언니', '오빠'라는 소리를 듣고 사는
사람들이 넘쳐나는 세상에서,
'불혹'이라는 기준은 한 10년 뒤로 미뤄야 하지 않을까.
내 삶의 끝에서 거꾸로 보면
지금의 서른다섯이, 내 인생에선 어린 나이일 텐데.
벌써부터 나잇값 하는 애늙은이로, 남은 인생을 살아야 하는 걸까.
아직은 남과 나를 비교하지 않고,
내 나이엔 '이건 안 돼, 저건 돼'라며 구분하지 않고,
하고 싶은 소소한 일들을 펼치면서 살고 싶다.

BUSINESS CARD WALLETS

아직은 나를 남과 비교하지 않고,
내 나이엔 '이건 안 돼, 저건 돼'라며 구분하지 않고,
하고 싶은 소소한 일들을 펼치면서 살고 싶다.

흥이 나를 찾아올 때면 '밤사' 대신, 클럽을 찾고
놀이 공원에 갈 때면 회전목마 대신, 무서운 놀이기구를 타고
아직, 가능한 '어린 짓'을 하면서 말이다.
지금 하지 않으면, 한 살 더 먹으면,
마음 자체를 접어야 할지도 모르니.
점잖고, 고상하게 나잇값대로만 살다가
'어쩌다 어른'이 되는 건 너무 억울한 일이다.
아직은, 나잇값에서 자유로워지고 싶다.
남 눈치 보지 않고 한순간 한순간을 살면서
나의 모든 경험을 삶의 지혜로 만들면서
틀림없이 '어른'이 될 테니.

손에 집었던 명함지갑을 내려놓고 집으로 돌아왔다.
때 좀 묻었어도, 조금 낡았어도
나잇값 따윈 상관없던 '나란 사람'을 담아온 명함지갑을 꼭 쥐고,
나의 '어른'을 맞이하련다.

행복의 조건

나의 마음을 엿듣기

면세점에서 시계를 본 후
'다음번 해외여행을 갈 때, 샀으면 좋겠네!' 싶다가
한 친구가 떠올랐다.

"나 해외로 봉사활동 떠나!"
서른을 몇 해 앞두고, 잘 다니던 직장을 그만둔다는 그녀.
생각도 행동도 평범한 그녀의 퇴사 소식이 놀라웠는데,
그 계기가 다름 아닌 해외 봉사활동이라는 건 더욱 놀라웠다.

갑작스럽게 해외봉사를 결심한 이유에 대해 묻자,
그녀는 "어느 날 문득,
내가 시간을 팔아 돈을 벌고 있다는 생각이 들더라고.
그래서 한 1년 정도 봉사 활동하면서,
내게 시간을 벌어주고 싶어졌어."라는
말을 남기고 홀연히 사라졌다.
그녀가 떠난 뒤로도 한동안 난,
보통의 사람들이 그러하듯이 시간을 팔아 돈을 벌었다.

이제는 그녀처럼,
돈이 아닌 시간을 내게 벌어주고 있지만
그러는 몇 년 사이, 내 통장의 잔액은 홀쭉해져 가고 있다.

가난해진 잔액을 마주하는 요즘,
행복의 조건에 대해 다시금 따져보게 된다.

과연 무엇이 나를 행복하게 하는 걸까.

흔히들 첫손으로 꼽는 돈인가 싶지만 이건 아닌 것 같다.
좋아하는 일을 하고 싶다는 생각을 품고 살았던 터라
월급날, 살찐 통장 잔액을 마주하면서도
난 분명 행복하지 않았으니까.

그렇다면 좋아하는 일인가?
완벽하게 꼭 그렇지만도 않다.
하고 싶은 일을 하는 지금은
가끔 돈이 만들어 주는 안정이 그리울 때가 있으니까.

그저 이상할 뿐이다.

시간을 팔아 돈을 벌었던 삶도, 온전히 시간을 얻은 삶도

결국 행복해지기 위해서 선택한 건데,

양쪽의 삶 어디에서도 행복을 확신하지 못하는 아이러니한 상황이.

하지만 이 때문에 무엇이 나를 행복하게 하는지가 분명해진다.

그건 바로 행복해지는 습관.

어느 쪽이든 내가 속한 삶에서 스스로 행복해지는 연습, 그것이다.

어떤 삶도 행복이 없는 채 불행하기만 하다거나,

조그만 불행의 틈도 없이 행복할 수만은 없으니

이 습관은 분명 가능할 것 같다.

그러니 이자에 이자가 붙는 복리식 적립통장을 손에 쥔 것처럼,

행 복 한   날 엔   더   행 복 해 하 고

불행한 날엔 덜 불행해하는 연습을 하면서 살아가야겠다.

그렇게만 할 수 있다면,

지금 내게 온 한순간의 행복으로 인해

더 큰 행복의 순간들이 팝콘처럼 팡팡 터지는 마법을 만날 수 있을 테니.

엉뚱하면 어때

친구의 첫아기를 위한 선물로, 나비 모빌을 샀다.
모빌을 천장에 걸어두고, 아기의 초롱초롱한 눈망울을 마주하며
"나비야, 나비야, 이리 날아오너라."라는 노래를 불러줬다.

돌아보건대, 어린 날에는
되는 것보다 안되는 게 훨씬 더 많았다.
내가 혹시 아플까 봐 '안 돼!'
내가 행여 다칠까 봐 '하지 마!'라는 말,
나를 아끼던 사람들에게서 많이 들었으리라.

'하면 안 되는' 훈련 덕분이었을까.
호기심이 많던 난
큰 것을 얻기 위해 작은 것을 잘 참을 줄 아는 '어른'으로 성장했고
스스로 엄격한 기준을 두면서 살아왔다.

어떤 목표가 생기면, 그곳에 닿기 위해
남들보다 더 많은 정성과 노력을 쏟아 부었으니, 이룬 것도 많았다.
외국어 능력이라든가, 국가 자격증이라든가, 안정된 직장이라든가.
하지만 서른을 넘기고
내가 그동안 열심히 견디며 얻었던 것들을 내려놓고 보니,
이제는 알겠다.
자신을 참기만 하다 보면, 결국 자신을 잃게 된다는 걸.

목표를 향해 달려가는 동안,

나는 내 숨겨진 마음을 잘 돌보지 못했다.

마음속 아이는 하고 싶어 하는데

몸이 커버린 '어른'은 하면 안 된다고만 했으니,

이 아이가 얼마나 뿔이 났을까.

당연히 내 편에서 내 적으로 돌아서서

'안되면 어쩌지!', '안될 거야'라는 감정으로 나를 괴롭혔을 수밖에.

예전의 나라면 분명 '안 돼', '하지 마'라고 일갈하며

내 마음을 묶어두기만 했을 텐데.

지금의 나는 '돼', '괜찮아'를 크게 외치며 엉뚱발칙한 일들을 하며 산다.

좀 어이없게 엉뚱하면 어때.

좀 말도 안 되게 변덕 부리면 어때.

어차피 그런 모습 또한 나인데.

이제는 내 편이 된 또 다른 나와 두 손 꼭 붙잡고

훨훨 날아오를 일만 남았다.

'되면 어쩌지!', '될 거야'라면서.

토닥토닥! 으쌰으쌰!

오늘 하루, 내 마음 속 아이에게

좀 더 너그러워져야 할 이유다.

오늘 하루, 내 마음 속 아이에게
좀 더 너그러워져야할 이유다

분명 방법은 있다

"아메리카노 한 잔 주세요."
커피숍에서 아메리카노를 주문하고, 따뜻한 물 한 컵도 부탁했다.

아메리카노를 맛있게 마시는 나름의 노하우가 있는데,
따뜻한 물을 커피에 조금씩 부어 내 입맛에 맞추는 것,
커피의 쓴맛을 순화시키는 것이다.

대부분 커피숍의 아메리카노는 쓴맛이 무척 강하다.
커피 맛을 잘 모를 때는 그냥 주는 대로 마셨었다.
커피의 진짜 맛에 눈 뜨기 전까지는.

내가 커피의 맛을 알게 된 건,
얼마 전 한 바리스타 학원에서 들었던 커피 강좌 덕분이었다.
"에스프레소의 맛은 신맛, 쓴맛, 단맛(구수한 맛),
이 3가지 맛이 모두 갖춰져야 해요.
그러니 바리스타의 손길이 무척 중요하겠죠?"
선생님의 지도에 따라 에스프레소를 직접 추출하고 시음하는 동안 깨달았다.
커피의 맛은 결코 쓰기만 해서는 안 된다는 걸.

한동안 커피숍에 갈 때면, 나와 에스프레소를 추출하는
알바생들 사이에 보이지 않는 긴장감이 흘렀다.
그들이 기계 앞에서 원두를 담고, 템핑을 하고, 샷을 추출하는 동안
나는 동작 하나하나를 말없이 지켜보고 있었으니까.
어느새 그들의 능숙한 손놀림으로 완성된 아메리카노가 내게 건네졌지만
그 맛은 실망감을 안겨줄 때가 많았다.

분명 방법이 있을 텐데….
'이 커피를 어떻게 하면 맛있게 마실 수 있을까?'라는 해결책에 집중하다가
떠오른 뜨거운 물 한 컵.
물을 조금씩 부어가며, '이만하면 됐다.' 싶을 만큼의 맛을 찾게 됐다.

이건 꼭 이래야 하고, 저건 꼭 저래야 한다는
기준으로 세상을 바라봤던 시절.
불평과 불만을 쏟는데 하루가 시작됐고, 하루가 끝이 났다.
물론, 세상은 문제투성이다

하지만

내가 문제만 쏙쏙 골라내며 해결책은 보지 않는 동안,

누군가는 문제 대신 해결 방법을 찾았다.

이제 나 또한,

내 삶을 원하는 대로 살 수 있는

해결책을 찾아나갈 것이다.

생얼에도 립스틱이 필요해

엘리베이터 옆에 붙어있는 거울을 보자,
빨간 립스틱을 꺼낸 민낯의 그녀.
"쌩얼에도 립스틱이 필요해, 기분이 다르다니까! 너도 한 번 발라봐"라며
내게 립스틱을 건넸다.

'쌩얼에 빨간 립스틱을 바르다니,
그 튀는 색감 때문에 입술만 붕 떠 보이지 않을까?'
의심 반 기대 반의 마음으로 립스틱을 발랐는데,
신기하게도 얼굴에 화색이 돌고, 발색도 너무 진하지 않아 딱 좋았다.

집으로 돌아오는 길, 과하지 않은 체리 빛 립스틱을 하나 샀다.

화장대 앞에 앉아 입술에 촉촉한 체리 빛을 톡톡톡 얹고는,
립스틱이 만들어준 생기 넘치는 얼굴을 감상한다.
"아, 예쁘다!"를 연발하니,
한동안 움츠렸던 마음이 기지개를 쭉 켜는 것만 같다.

내친김에 하얀 종이 위에 입술 도장을 남기다가,
그동안 기약 없이 잠자고 있던 화장대 서랍 속 립스틱을 모두 꺼내봤다.
남들 앞에 서기 위해 풀 메이크업을 할 때만 제 역할을 했던 터라,
깊은 동면에 들어간 아이들도 꽤 되네.
하나하나 발라주며, '무장해제'라고 속삭였다.

결국 보이는 곳에서도, 보이지 않는 곳에서도
나를 대접해주는 마음이 중요한 거였다.
또 그렇게 나를 소중히 여겨 주다 보면,
기지개를 쭉 켠 마음이 덩실덩실 춤을 추면서
내게 멋진 일들을 불러다 줄지도 모를 일이었다.

이런 깨달음을 얻고 난 후,
난 이제 화장기 없는 청바지에 티셔츠 차림에도

동면에서 깨어난 립스틱을 머스트 아이템으로 챙기고 다닌다.
그렇게 립스틱 바르는 여자로 거듭나고 있다.

저렴한 가격으로 분위기를 확 살려주기에
불황일 때 더 잘나간다는 립스틱!
혹시 미래, 꿈, 연애, 결혼 등의 일로 마음이 불황이라면,
립스틱을 바르면서 자신을 소중히 챙겨 보면 어떨까.

하이힐 그리고 자존심

얼마 전에 산 빨간 클러치에 어울리는 하이힐이 눈에 들어온 순간.
1초의 망설임도 없이 매장 안으로 들어섰고,
콕 짚어 "이거 신어볼게요!"라며 시착에 들어갔다.
8cm 킬힐이긴 하지만 마음에 쏙 든다.
오랜만에 높은 곳의 공기를 맡으니, 아찔해진 기분이 얼마나 좋던지.
걸을 때마다 들리는 또각또각 소리는 또 어떻고!

한때 날 선 옷차림을 완성해주는 이 세련된 소리가
내 운명처럼 느껴져 하이힐만 신고 살았던 적이 있다.
'하이힐은 여자의 자존심이야!'라는 말을 하면서.

높은 하이힐을 신은 것처럼,
자존심 넘치게 살아온 지난 시간을 떠올려본다.
남보다 잘 나야 했고,
남에게 굽히지 않아야 했으니
혼자 독야청청하느라 얼마나 애먹었을까.
또 그사이 남들의 시선, 남들의 인정에 얼마나 전전긍긍했을까.

나를 높이 존중한다고 살아왔던 그동안
어쩌면 자존심의 의미를 제대로 이해 못 했던 거란 생각에,
사전을 뒤적거려 자존심이란 단어를 찾아낸다.

높은 하이힐을 신은 것처럼, 자존심 넘치게 살아온
지난 시간을 떠올려본다. 남보다 잘 나야 했고, 남
에게 굽히지 않아야 했으니 혼자 독야청청하느라
얼마나 애먹었을까.

자존심은 남에게 굽힘 없이 스스로 품위를 지키는 마음이란다.

그런데 이 뜻풀이에서 유독 '스스로'라는 말이 내 눈에 띄는 건 왜일까.

흔히 무언가를 '스스로' 하기 위해선,

우선 무언가에 수긍하는 마음이 생겨야 하는 법.

그렇다면 자존심을 지킨다는 말에는,

먼저 자신을 긍정하는 마음이 밑바탕에 깔린 게 아닐까.

앞으로는 '예쁘다, 잘하네, 멋지다'라는 누군가의 칭찬이 들려올 때

'아니에요, 제가 뭘요'가 아니라 '네, 감사합니다!'라고 자신 있게 답할 것이고.

커피를 주문할 때 '죄송하지만, 물 한 컵 부탁해요.' 가 아니라

'물 한 컵도 부탁해요. 감사합니다!'라고 당당하게 요청할 것이다.

이렇게 남의 인정에 앞서.

나 자신을 스스로 긍정해주면서

자존심을 또각또각 지켜나가다 보면

지금보다 훨씬 더 품위 있는

내가 되어갈 게 분명하다.

마음 편식

"클렌즈 주스 마시고 나서, 왠지 건강해지고 예뻐지는 것 같아.
실제로 변비도 싹 사라지고, 피부트러블도 잦아들었다니까."

홍대의 어느 클렌즈 주스바.
오랜만에 만난 친구는 주문한 주스를 앞에 두고
꼭 마셔야 하는 이유를 힘주어 설명했다.

듣고 보니 이 주스의 정체는
엄마가 매일 챙겨 드시는 해독 주스.
하지만 내가 이 주스에 대해 뜨뜻미지근했던 이유는
평소 채소와 과일을 멀리하는 편식 버릇 때문이다.

채소와 과일이 건강과 미용을 챙겨주는 맛이라는 건 알지만
내겐 별맛이 없을뿐더러 일부러 챙겨 먹기엔 수고스러움이 적지 않으니까.
그래서 '언젠가는', '더 나이 들어서'라며 미뤄 왔는데.

맛은 보장한다는 친구의 말에 귀가 팔랑거려 주문한 밀싹 클렌즈 주스 한잔.
생각보다 훌륭한 맛에 나도 모르게 엄지를 위로 치켜 올렸다.
그때 떠오른 한 지인의 마음 편식 이야기.

이야기는 스마트폰에 관한 것이었다.
"난 지하철 탈 때마다 젊은 친구들이 아까워.
열이면 아홉은 스마트폰 붙들고 있더라고.
저 젊은 시간이 너무 아까운 거야. 지나보니 아는 거지."
잠시 숨을 고른 그녀는, 며칠 전 안과에 다녀온 이야기를 마저 이어갔다.

"눈이 침침해서 안과에 갔는데,
글쎄 마흔 살인 나한테 노안이 왔다는 거야.
언제나 젊은 청춘이라고 생각했는데, 벌써 눈이 늙어가다니.
결국, 돋보기 맞추고 돌아왔다니까.

그나마 다행인 건 아직 노안 초기라는 거야.

그러니 더 늦기 전에 읽고 싶은 책 실컷 읽고 살라고.

연애뿐만이 아니라, 건강도 미루고 아끼다 똥 된다!"

순간 정신이 번쩍 들었다.

틈만 나면 스마트폰 만지작거리며 가십 기사 소화하느라 정신 팔렸는데,

'언젠가는'이라면서 사둔 책들 멀리했는데,

이런 못된 마음 편식, 바로 잡으면서 살아가야겠다.

'사람은 책을 만들고 책은 사람을 만든다'는 말도 있으니.

오늘부터 그동안 미뤄둔 야채 같고, 과일 같은

책을 더 많이 자주 읽어

내 마음에 영양분을 듬뿍듬뿍 뿌려줘야지.

건강한 클렌즈 주스 한잔과 함께!

연애뿐만이 아니라, 건강도 미루고 아끼다 똥 된다!

정말 필요했을까

'쿠폰 소멸 D-1,
회원님께서 보유하신 1만 원의 절대 쿠폰이 소멸합니다.'
어느 소셜커머스 업체로부터 도착한 할인쿠폰.

내 손에 들어온 1만 원이 사라진다는 다급함에
나도 모르는 사이, 내 손은 메시지 하단의 URL 주소를 클릭하는
자동반사 반응을 보인다.
하지만 쿠폰에는 함정이 있는데,
3만5천 원 이상 결제 시에만 사용할 수 있다는 것.

이 금액을 맞추기 위해
눈을 반짝거리며 수많은 쇼핑 옵션 중에
'필요한 것'들을 골라내고는, 장바구니에 담는다.
하나의 품목만으로는 쿠폰을 못 쓰게 되자,
다시 뭔가 하나를 더 찾아 담게 되고.
그제야 1만 원짜리 쿠폰이 내 것이 된다.
결제 후, 만원이나 할인받았다는 뿌듯함이 밀려오지만.
며칠 뒤 그때 주문한 물건을 막상 받아들고는,
이게 정말 필요했을까 라는 의문이 든다.
이번에 산 더치커피 기구도 마찬가지.

며칠 뒤 그때 주문한 물건을 막상 받아들고는,
이게 정말 필요했을까 라는 의문이 든다.

돌아보면, 필요한 물건은 그저 필요해 보였다는 것.
이런저런 핑계로 충동구매를 하지만
얼마 못 가 손에서 멀어지게 되고, 결국 버려야 할 짐이 되는 것이다.

그런데 그걸 알면서도 1만 원, 2만 원, 3만 원 할인 쿠폰 앞에
난 자꾸만 눈먼 고객이 되어간다.
보면 사야 할 것 같고, 사지 않으면 중요한 걸 놓치는 기분에
이러면 '안 되는데, 안 되는데, 안 되는데'가 결국 '되는데'로 바뀌어 버려
결제까지 끝난 뒤에야 정신이 들곤 한다.

언제까지나 이따위 쿠폰에 조종당하며 살아갈 순 없다!

앞으로는 필요 없는 것을 필요 있는 것으로 둔갑시키지 않을 테다.
또 1만 원의 쿠폰을 지켜내느라 무심히 써버릴 시간을 더 의미 있게 보낼 테다.

아이러니하게도 이런 결심을 하고 난 잠시 뒤,
또다시 도착한 1만 원짜리 쿠폰.
자동으로 해당 사이트의 URL을 향해 가려던 손을 멈췄다.

그저 예쁘다는 핑계로, 언젠가 쓸 거라는 변명으로
필 요 없 는 것 들 을 충 동 구 매 하 게 만 들 던
쿠폰들아, 안녕!

내 삶에 힘을 보태줄
수많은 남

나이가 들면 들수록 확신하는 한 가지는,
다른 사람의 도움 없이 혼자서 이뤄낼 수 있는 일은 없다는 것이다.
그렇기에 누군가에게 고마운 마음, 겸손한 마음이 늘어간다.

'이게 잘 어울릴 것 같아!'
감사의 마음을 전하기 위해, 작은 화분 하나를 골랐다.
화분의 한 귀퉁이에 직접 쓴 손편지를 얹고는 약속 장소로 향했다.

"지난번에 도움을 주셔서 정말 감사했어요."라는 말과 함께
화분과 편지를 건네자, 깜짝 놀라는 선물의 주인공.
예상치 못한 작은 정성에 한껏 들떠 하는 그녀를 보고는
내 마음마저 환해졌다.

잘되면 내 탓, 안되면 남 탓!
뭘 몰라도 너무 모르던 시절, 척척 풀리는 일들을 마주할 때면
그것들을 내 힘으로만 이뤄낸 줄 알았다.
겉으로는 아닌 척했어도 속으로는 분명 그러했을 거다.

하지만 나이를 먹으니
겉도, 속도 '잘되면 네 덕, 못되면 내 탓'이라는 마음을 챙기게 된다.
'누구 덕분에'라는 겸손을 배우게 된다.

그래서 이제는 어떤 일의 좋은 결과가 나왔을 때
우선, 열심히 애썼을 나 자신에게 '잘했다, 멋지다'라며 아낌없는 칭찬을 보낸다.
그다음, 그동안 보이는 곳에서도, 보이지 않은 곳에서도
나를 도와주셨을 분들에게 감사의 마음을 전한다.
그중 꼭 고마움을 표하고 싶은 분에게는
손편지가 딸린 작은 선물을 건네기도 하면서.

세상에는 나 혼자서만 이룰 수 있는 일은 없다는 걸
머리가 아닌 가슴으로 이해하고 나니,
얼굴은 모르지만 어딘가에서 내 삶에 힘을 보태줄
수많은 남이 고맙고 반갑다.

세상 속 한 사람 한 사람이 낯설게 느껴지지 않는다.
그들이 보이지 않는 끈으로 엮어진 내 사람 같아
든든해진다.

나란 사람이 이렇게 영글어가고 있나 보다.

마음이 아프면
몸도 아프게 된다는 걸

가끔 이유 없이 마음이 흙빛으로 변해버릴 때,

하지만 당장은 여행을 떠날 여유가 없을 때,

나는 나만의 도심 속 '힐링캠프'로 향한다.

그곳은 명동의 어느 백화점에 있는 디저트 카페다.

6층의 옥상정원과 한몸인 이곳은,

뉴욕의 맛을 그대로 가져온 듯한 애플 타르틴, 나폴레옹 밀페유,

초코 에클레어 등 형형색색의 디저트가 맛있기로 유명하다.

오늘 내가 주문한 메뉴는 나폴레옹 밀페유와 얼그레이 티.

바삭바삭한 세 겹의 페이트리 사이사이에

밀도 있게 쌓여있는 황금빛 커스터드 크림 맛이 일품인 밀페유와

새콤한 오렌지 향이 솔솔 풍기는 얼그레이 티는

내가 제일 좋아하는 힐링의 재료다.

이제는 푸른 하늘 정원을 캠프장 삼는다.

솔솔 불어오는 바람을 무음 BGM으로 깔고

향긋한 공기를 들이마시며

햇살이 주는 즐거운 광합성을 한다.

내가 좋아하는 케이크와 티를 찬찬히 음미하면서.

이렇게 흙빛이 된 내 마음에 파란 팩을 얹혀주니,

기분이 한결 좋아진다.

마음이 한층 밝아진다.

몇 년 전까지만 해도
몸이 아프면, 약을 먹었고
마음이 아프면, 기도했다.
몸 따로, 마음 따로의 처방을 해왔지만
그 효과는 글쎄….

그러던 어느 날,
기도로도 풀리지 않는 답답한 마음에 몸이 심하게 아파본 적이 있다.
그제야 알았다.
몸이 아프면, 마음도 아프게 되고
마음이 아프면, 몸도 아프게 된다는 걸.

이후 마음이 아플 땐
몸이 좋아하는 방식으로 마음을 다독여주고 나서,
기도라는 약을 처방해준다.
몸과 마음은 둘이 아니라 하나기에,
훨씬 더 효과적인 치유 방법이 아닐는지.

인생 후반부

얼마 전부터 눈가의 주름이 부쩍 신경 쓰이기 시작했다.
아이크림만으로는 부족한 듯 싶어
깊은 주름에도 효과가 있다는 레티놀을 사 들고 집으로 돌아왔다.

작년까지도 큰 고민을 안 했던 눈가 주름인데….
노화라는 현상 앞에 '나이 듦'에 대한 오만가지 생각들이
머릿속으로 훅 밀려든다.

어느 여행지에서 만난 호호 할머니가 내 눈을 바라보며,
"좋을 때다. 나도 너처럼 이팔청춘이 있었는데
인생, 한순간이야." 하시던 얘기는
저 멀리 안드로메다 정도 되는 거리감으로 느껴졌었는데….

언제 이렇게 , 나 이 를 먹은 걸 까 ?

게다가 올해의 끝 무렵엔
미리 까치발을 들어 반올림까지 한 나이가
내게 30대 후반이라는 꼬리표까지 붙여줄 텐데.

나이 듦은 알지만, 막상 그 나이 듦을 받아들이려고 하니,
'이렇게 청춘이 끝나가나'하는 불안한 생각이 든다.

갑자기 서른이 되던 날이 떠오른다.
스물아홉의 마지막 날,
가수 김광석의 〈서른 즈음에〉라는 노래에
'서른, 잔치는 끝났다'면서 꽤 울컥했는데.
인제 보니, 그때의 아쉬움은 '굿바이, 청춘' 편의 미리 보기 정도로
가볍게 느껴진다.

우울해진 저녁, 내게 레티놀 타임이 찾아왔다.

'20대여 영원하여라!'라는 어느 광고카피의 말을 되뇌이면서
'난 늙지 않을 테야!'라는 비장한 다짐을 하면서
아이크림의 몇 배의 공을 들여가며 레티놀을 바르다가
딱 마주친 거울 속 내 눈빛!
분명 작년과는 다르다.
뭔가 깊어졌다. 뭔가 여유 있어졌다.

깊어진 눈빛만큼 짙어진 삶을 사는 인생의 후반부를 기대하면서….

이제 나의 인생 수업에도 '나이 듦의 아름다움을 이해하기'라는
강의 과목을 추가할 때인가 보다.

앞으로 나에겐 마흔이란 시간도, 그 이후의 시간도 찾아올 것이다.
시간의 흐름은 내가 어떻게 막을 수 없으니
내 눈가에도 나이의 흔적이 고스란히 내려앉을 테지만
깊어지는 주름이 아니라
깊어지는 눈빛을 바라볼 수 있는 내가 된다면,
심오한 눈빛에 담긴 나이 듦의 즐거움 또한 이해할 수 있을 것이므로
나는, 나이 드는 게 괜찮기로 했다.

무지갯빛 삶의 퇴적층은 나이와 궤를 같이하며 쌓여간다.
그러니 나이 드는 한순간 한순간을 부정하기보단,
힘껏 껴안으며 가고 싶다.
깊어진 눈빛만큼 짙어진 삶을 사는
인생의 후반부를 기대하면서….

설렘

"1등 당첨되면 뭐하지?"

길을 가다가 '1등이 6번이나 나온 명당'이라는 문구가 눈에 들어왔다.
'나 왠지 될 거 같아'라는 밑도 끝도 없는 마음이 들자,
태어나서 처음으로 로또 복권을 샀다.

내게 대박의 꿈을 안겨줄 6개의 숫자를
영감에 의지해 하나씩 하나씩 찍어나가는데,
마음이 어찌나 설레던지, 얼마나 짜릿하던지.
그렇게 채운 6개의 숫자가 하늘 높이 나비처럼
날아올라 하느님 마음에 닿았으면!
'새하얀 복권은 고이 접어 나빌레라!'라고 주문을 외운 뒤,
복권을 지갑 깊숙이 모셔 넣었다.

그 뒤 복권이 든 지갑을 바라볼 때마다,
1등, 34억에 당첨된 순간을 상상하며 흐뭇해 졌다.
세계여행가기, 바다를 앞에 둔 시골집 장만하기,
부모님께 거액의 용돈 드리기, 지인들과의 만남에서 골든벨 올리기 등
당첨 목록들의 우선순위를 정하면서
하루, 이틀, 사흘… 그렇게 시간이 흘러갔고.
드디어 복권 당첨의 그 날이 다가왔다.

"자, 추첨버튼 누르겠습니다!"

하늘에서 떨어지는 돈벼락이 꼭 내 것인 것만 같아서,
두근두근하는 심장을 꼭 붙들고, 숫자를 하나하나 맞춰나갔지만,

결과는 꽝!!
단 하나의 숫자도 못 맞추고, 꽝!
그렇게 복권 7일 천하의 막이 내렸다.

하지만 복권이 정말 꽝일까?
지난 일주일을 돌아보니,
복권을 산 그 순간부터 결과를 기다리는 동안,
하루하루 당첨의 기쁨을 충분히 누렸다.
그리고 무엇보다도 나를 즐겁게 한 건,
'나는 당첨 된다'라는 마음가짐으로, 복권을 샀다는 것이다.
대부분 로또 1등 당첨자들처럼.
이런 마음으로 복권을 계속 산다면, 언젠가는 대박의 꿈을 이룰지도 모른다.

시작이 반이라는 말이 있다.
어떤 일을 좋은 마음으로 시작할 수만 있다면,
좋은 끝도 올 수 있지 않을까?

당첨될 준비가 된 사람이라면, 받을 준비가 된 사람이라면
그게 늦던 빠르던 언젠가는
선물을 받게 될 테니까.

아직 시들지 않아줘서 아직 내 곁에 있어줘서

분명 내게 아름다운 날

모든 걸 내려놓고, 아직 한 번도 디뎌보지 못한 세
상에 출사표를 던지는 일이 만만치 않다는 걸 너무
도 잘 알고 있었다.

행복의 파랑새

"파랗다!"

푸른 곳(靑所)이라는 예쁜 이름을 가진
청소역이 내게 준 첫 느낌이었다.

역사는 건물 외벽부터 남달랐다.
외벽의 페인트 색이며 벽을 빙 두르고 있는 소나무, 회양목은 물론이요,
심지어 역사 내부의 화장실이며, 대기실에 놓인 나무의자까지
모든 것이 푸름에 초점이 맞춰져 있었다.

이곳은 말 그대로 푸른 세상.

찬찬히 역을 둘러보다가, 한구석에서 텅 빈 새장을 발견했다.
혹시 이 안에서 살던 새도 파랑새였을까.
행복과 한 세트처럼 붙어 다니는, 그 행복의 파랑새?!

새는 어디로 날아간 걸까?
그러고 보면 나도
'파랑새를 찾아서' 새로운 삶을 시작한 건데.

서른둘의 봄이 찾아오던 어느 날,
"사표 냅니다."라며
난 60세 정년이 보장된 회사를 그만둔다.

사실 꽤 오래전부터 고민하던 일이었지만
호기롭게 던졌던 스물의 첫 사표와는 달리,
두 번째 사표에 대한 결정은 쉽지 않았다.

난 삶의 안정기에 접어든,

선택에는 책임이 따른다는 걸 알게 된 서른이었으니.

모든 걸 내려놓고, 아직 한 번도 디뎌보지 못한 세상에

출사표를 던지는 일이 만만치 않다는 걸 너무도 잘 알고 있었다.

그렇게 어떤 결정도 내리지 못한 채

속절없이 흘러가던 시간 속에서

난 단순해지기로 했다.

'60세 생일을 맞는 날, 지난 시간을 돌아볼 때
가장 후회되는 일은 무엇일까?'라는
질문의 답을 찾으면서.

돌아보면, 이전까지 난 온실 속의 화초 같은 삶을 살았다.
더울 땐 시원하게, 추울 땐 따뜻하게 나를 보호해주는 공간 속에서
매달 또박또박 나오는 월급을 받으며 적당히 사는.
그렇게 60세까지도, 그 이후의 시간도 이미 다 결정된 것인데
문제는 결정된 삶 대부분이 내가 원하는 게 아니라는 것이었다.

지난 시간동안 이뤄낸 게 없는 것이 아니라,
이뤄낸 게 내가 원하던 것이 아니라면?!

그래서 난, 어렵지만 용기를 냈다.
결정되지 않은 삶을 살겠노라고.

이제 모든 것은 가늠할 수 없게 됐다.
내 삶이 지금까지 살아온 온실 속의 화초처럼
청초하게, 안전하게 끝나지 않게 되었으니.

앞으로는 끝이 어떻게 될까 궁금해하면서,
내 인생을 내 뜻대로 열심히 굴려갈 수 있는 자유가 생겼다.

난 행복을 찾을 수 있게 될까?

부디, 그랬으면 좋겠다.

아직 시들지 않아줘서
아직 내 곁에 있어줘서

"젊은 날엔 젊음을 모르고
사랑할 땐 사랑이 보이지 않았네.
하지만 이제 뒤돌아보니
우린 젊고 서로 사랑을 했구나."

가끔 즐겨듣는 이상은의 노래 〈언젠가는〉의
한 구절.

참 아이러니하다.
젊음도, 사랑도 지나고 나서야 그 소중함을 알 수 있다는 것이.

춘천행 ITX 열차에 올랐다.
느릿느릿, 덜컹덜컹하는 경춘선 특유의 매력이
쏙 빠진 편안함이 내심 아쉬웠다.
오랜만에 만난 옛 친구가 왠지 덜 반갑게 느껴지듯.

생각해보면, 지난 젊은 날에는 춘천행 경춘선에 몸을 싣는 일이 많았다.

스무 살, 계절마다 떠나던 대학 시절 MT는 강촌을 찍고
춘천에서 닭갈비를 먹는 것으로 끝났고.

서른 살, 일에 치이고 사람에 치였을 때 김현철의 〈춘천 가는 기차〉를 귀에 얹고
훌쩍 떠난 곳이 춘천이었다.
'젊어지는 샘'이라는 이름 덕분인지, 춘천에 오면
비타민 음료 한 병을 마신 듯 기운이 불끈불끈 솟는 것만 같았으니까.

그리고 서른과 마흔 사이, 서른다섯이 된 지금.
새로워진 춘천행 ITX 열차를 타고 다시 춘천으로 가고 있다.

"다음 역은 춘천역입니다.
내리실 때 잊으신 물건이 없으신지 다시 한 번 확인해주시기 바랍니다."

안내방송을 따라 기차에서 내려 대기실로 향하는 데,
세련된 에스컬레이터를 마주하고 나서야 실감한 새로운 춘천역.

서울의 여느 지하철역과 비슷한 역사는
한껏 세련되고 편안해졌는지는 몰라도,
풋풋한 낭만은 실종됐다.

후다닥 역 광장으로 나와 버렸다.
역시 그때의 정겨운 모습은 찾아볼 수 없었지만
반가웠던 건 여전히 나를 반겨주는 파란 글씨의 '춘천역'이라는 이름.
그 아래 1초의 멈춤도 없이 움직이는 시계가 보인다.

흐르는 시간, 지나가는 젊음.

순간, 마음이 짠하다.
조금의 오차도 없이, 일말의 어김도 없이 지나는 시간 속에서 내 푸른 젊음이 이렇게 흘러가고 있는 게 느껴져서.

하루, 일주일, 한 달, 일 년….

이렇게 흘러가다 보면 언젠가는 끝도 오겠구나 싶어서.

서른 살, 언젠가 내게 닥칠 마흔은 청춘의 끝이라고 생각했다.

그렇게 청춘의 심리적, 신체적 마지노선인 마흔에 관한 모든 것은

최대한 미루면서, 되도록 생각하지 않으면서 살아왔는데.

어느새 5년이라는 시간이 흘렀고, 벌써 5년 치의 청춘이 지나버렸다.
서른다섯이란 나이가 이렇게 빨리 올 줄이야.
그런데 이제 와 돌아보니,
서른 살에 '난 너무 나이가 많아!'라면서 망설이고 멈춘 일들을 왜 안 했나 싶다.
그땐 지금보다 5년은 더 젊었고, 뭔가를 이뤄낼 가능성은 훨씬 더 컸는데.

앞으로의 5년은, 더 순식간에 지나가 버릴 것이다.
나이는 36km, 37km, 38km, 39km의 속도감으로 가속이 붙어 달릴 테니까.
그렇게 믿고 싶지 않은 마흔이라는 나이가 오고,
언젠가 내 몸의 청춘뿐만 아니라, 마음의 청춘도 모두 흘러가겠지만.
다행히 난 어제도, 내일도 아닌 '오늘 지금' 청춘이다.
어떤 일들을 해도 충분히 괜찮은,
파릇파릇하고 싱싱한 서른다섯이다.

'예쁘다, 내 청춘'

아직 시들지 않아줘서.

'고맙다, 내 청춘'

아직 내 곁에 있어줘서.

분명 내게
아름다운 날

"다음 정거장은 불국사역입니다."
내려야 할 정류장을 정확히 알려주는 안내방송을 따라 버스에서 내렸지만,
아차차!
이곳은 내가 가려던 불국사가 아니라
말 그대로 기차가 다니는 불국사역이었다.
먼 길을 달려왔기에 살짝 억울하긴 해도
다음 버스가 오는 동안,
잠시 이곳에 머물기로 했다.

빈 대기실에는 상주하는 역무원조차 자리를 비웠고.
한가한 철로에는 때마침 기차가 멈춰 섰지만
내리는 사람도, 타는 사람도 보이지 않는다.

이렇게 불국사 역이 텅 빌 수도 있다니.

마치 무인 간이역에 와 있는 듯한 느낌에 당황스럽기도 했지만,
덕분에 한적한 분위기의 불국사역에서
오롯이 수학여행의 추억 속으로 빠져들 수 있었다.

"둘이 되어버린 날 잊은 것 같은 너의 모습에
하나일 때 보다 난 외롭고 허전해."

불국사 근처의 어느 유스호스텔이 시끌벅적 흥겨워지고 있었다.
떠나갈 듯한 환호의 함성이 터졌고, 댄스 타임이 이어졌다.

손수레의 길보드차트를 장악하던 댄스 가요가 하나둘씩 흐르자,
리듬에 반응하며 내 몸 안에서 처음으로 만나는 흥!
오른손을 머리 위로 치켜 올려
오른쪽 한번 찌르고 왼쪽 한번 찔러가며 새하얗게 불태운 그 밤은,
마지막 흥의 한 방울까지 털어낸 그 밤은,
분명 내게 아름다운 밤이었다.

물론 치약을 짜 잠든 친구 얼굴에 낙서하고,
처음으로 알싸한 알코올의 참맛을 알아간 경험은 즐거운 덤이었고.

이렇게 즐거운 흥이 넘쳐났으니
나에게 불국사는
수학여행의 추억과 이음동의어가 될 수밖에.

마지막 흥의 한 방울까지 털어낸 그 밤은, 분명
내게 아름다운 밤이었다.

어느새 기다리던 불국사 행 버스가 왔다.

버스에 오르자, 가방을 뒤적거려 추억 속의 워크맨을 꺼냈다.

투투의 '일과 이 분의 일', S.E.S의 'I am your girl', H.O.T의 '캔디' 등

그때 그 시절의 노래가 귓가에 울리니 왠지 마음이 따끈해진다.

나도 이제 노래가 추억으로 들린다.

그 옛날, '추억이 많은 삶을 살아라!'하시던
어른들의 말씀이 크게 와 닿는다.
그리고 나 자신에게 자꾸만 읊어 주게 된다.

그래, 더 많이 보고, 더 많이 듣고, 더 많이 경험하자!
기억할 게 많고, 추억할 게 많은 하루, 한 달, 일 년을 살자!

이참에 아이돌그룹 이모팬이라도 도전해 볼까나?
말랑말랑한 사춘기 시절에 H.O.T 빠순이 못해본 게 조금 억울하니.

늦었다고 생각 말고,
지금이라도 이렇게 추억을 하나씩 더 늘려가 보면 되겠다.
그럼 언젠가 하얀 백발이 되었을 때,
지금의 가요 무대 같은 방송 앞에 앉아
내가 직접 경험해냈던 추억들을 기쁘게 만날 수 있지 않을까.

괜찮아,
다 괜찮아질 거야

"군산 여행을 가게 되거든,
임피역에는 꼭 가보도록 해. 너도 분명 〈영심이〉가 생각날걸?!"
친구의 말이 떠올랐다.

한적한 시골에 덩그러니 놓인 임피역.

군산에서 만날 수 있는 근대문화유산이 그러하듯,
임피역은 일제강점기의 시간이 그대로 멈춰 있었다.
이국적인 분위기의 역사도,
군산과 이리를 오고 가던 옛 열차 시간표도,
채만식의 소설 속 장면으로 빠져들게 만드는 사람 조형물도.

그런데 등록문화재로 지정 되었다는, 100년 된 화장실 앞에서
낄낄낄 웃음이 터져 나왔다.
친구의 말처럼, 영심이가 미래의 왕자님 얼굴을 보겠다며
화장실에서 거울을 들여다보던 생각이 나서.

"밤 12시. 소복을 입고 입에 주걱을 문 채
재래식 화장실에 앉아 있으면, 깨진 거울에 미래의 왕자님이 나타난대!"

'딱 들어봐도 거짓말이네!',
'말숙이의 말에 영심이가 또 당하네!'라고 생각했지만,
그래도 뭐가 나타날지 꽤 궁금했다.
한편으론 살짝 무섭기도 했고. 그 당시 홍콩할매 귀신 때문에,
화장실은 친구와 두 손 꼭 붙잡고 가곤 했으니까.

하지만 영심이의 왕자님 타령은
그럴 리 없었으면 하는 왕경태의 얼굴이 거울 속에 비치면서,
조금 심심하게 끝났다.
물론 그조차도 한바탕 해프닝이었다.

어린 시절, 〈영심이〉는 내가 제일 좋아하는 애니메이션이었다.
그녀의 엉뚱함에 배꼽 잡고 웃는 즐거움도 컸지만,
한참 생각이 자랄 나이에 필요한 비타민 같은 말들이
은근히 흘러나왔기 때문이기도 했다.
'중요한 건 눈에 보이지 않는 거'라든가,
'사람이 자기의 미래를 안다는 건 불행한 거'라든가.

등록문화재로 지정 되었다는, 100년 된 화장실
앞에서 낄낄낄 웃음이 터져 나왔다.

수십 년 만에 우연히 마주친 동창생 같은 영심이.
반가움에 핸드폰 인터넷 창에 그녀의 이름을 입력하자,
등장인물, 주제가 등 영심이에 관한 모든 것이 한눈에 정리됐다.

그런데 '정말 그랬나?' 되짚어 보지만 여전히 믿기지 않는 건,
만만히 봤던 영심이가 나보다 4살이나 많은 언니라는 것!

올해 서른아홉의 그녀는 지금 어디에서 무얼 하고 있을까?
왠지 만화 밖으로 걸어 나와
보고 싶은 걸 보고, 듣고 싶은 걸 듣고,
하고 싶은 걸 하며 아름다운 마흔을 앞두고 있을 거란 생각이 든다.
그녀에게 꼭 어울렸던 주제가의 한 자락처럼.

귀에 이어폰을 꽂아, 그녀의 OST를 듣는다.
어디선가 영심이 언니가 나타나 카랑카랑한 목소리로
"해봐, 실수해도 좋아! 넌 아직 어른이 아니잖아."라고
내게 말을 거는 것만 같다.

하고 싶은 일을 하면서 살기로 한 서른의 나에게,
"괜찮아, 다 괜찮아질 거야."라고 토닥거려주는
것만 같다.

슬럼프는
쉬어가라는
신호니까

새벽 4시 30분.

내가 서 있는 플랫폼 바로 앞에서
검푸른 바다가 일렁인다.

몸을 구겨가며 꼬박 5시간을 달려 도착한 이곳은
바다를 곁에 두고 있는 정동진역.

예전엔 플랫폼에서 바로 바다로 내려갈 수 있었는데,
레일바이크 철길로 인해 그쪽으로의 길은 막혔단다.
아, 다른 건 몰라도 그게 정동진의 진짜 매력이었는데.

일출을 보기 위해 사람들은 삼삼오오 바닷가로 향했지만,
난 복닥거리는 그들 틈 속에서 해맞이하고 싶지 않아
부러 역 안에서 머물기로 했다.

오늘의 일출 시각은 6시 43분.
다행히 흐릿한 하늘 사이로 아침 해를 잠깐 만날 수 있었다.

그제야 역사의 모습이 눈에 들어온다.
붉은 해를 닮은 역사의 빨간 지붕이며, 파란 바다를 앞에 둔 푸른 벤치며,
그 옆의 모래시계 소나무도.

나무가 여기 이렇게 가까이 있는 줄도 몰랐는데.
15년 전 그날에는….

"엄마 손 꼭 붙잡아야 해. 절대 놓치면 안 돼!"

열아홉 살의 마지막 날인 12월 31일.
스무 살 새해 첫 일출을 보여주겠다며, 엄마는 나와 동생을 데리고
정동진역으로 향했다.
드라마 〈모래시계〉의 한적하고 차분한 분위기의 일출을 기대했건만,
나의 순진한 바람은 와장창 깨졌다.

붉은 해를 닮은 역사의 빨간 지붕이며, 파란 바다를 앞에 둔 푸른 벤치며, 그 옆의 모래 시계 소나무도.

작고 아담한 역은 새해 첫 일출 인파를 품기엔 역부족이었다.

콩나물시루의 빡빡한 콩나물을 연상케 하는 수백, 수천 명의 사람으로

난 몸마저 마음대로 가눌 수 없는 지경에 이르렀다.

심지어 분명히 서 있는데도, 뒷사람에게 자꾸만 떠밀려 어딘가로 향하기까지도.

엄마의 손에 이끌려 간신히 바닷가로 나갔지만,

난 정신을 바짝 차려야 했다.

핸드폰이 없던 그 당시, 만에 하나 손을 놓으면

그대로 엄마도 동생도 잃을 처지였기 때문이다.

하지만 그것에 온 정신을 붙든 탓에 기운이 쭉 빠져버렸던 난,

정작 스무 살 새해 첫 일출을 눈앞에 두고도 큰 감흥을 느끼지 못했다.

해돋이를 보겠다는 일념으로 이 고생을 한 건데….

15년 만에 다시 찾은 정동진.

물론 기대만큼의 쨍한 해돋이는 보지 못했지만,

마음은 차분해졌다.

난 요즘 슬럼프를 겪고 있다.

내 꿈을 놓치고 싶지 않아서, 놓치지 않으려고
너무 꼭 쥐다 보니 마음이 쉬어가고 싶었던 걸까.
그래서 온 게 슬럼프인지도.

슬럼프는 그저 쉬어가라는 신호니까,
너무 힘들어하지 말자!
힘들고 지칠 때일수록 여유를 챙기면서 앞으로 나가다 보면,
이 또한 지나갈 것을 알고 그저 오늘을 살다보면,

언젠가 이렇게 뻥 뚫린 철길처럼,
내 길도 뻥 뚫리지 않을까.

여행하기
좋은 날

비가 온다는 일기예보는 없었는데,
날씨가 심상치 않다.
도중에 비를 맞을까 봐 택시를 타고 반곡역으로 향한다.

수년 전, 연분홍 꽃비가 흩날리던 봄날의 반곡역을
찾고는 조만간 또 오겠다고 했는데.
이렇게 많은 시간이 지나게 될 줄은 정말 몰랐다.

가을이 쏟아져 내린 반곡역은
여전히 한 폭의 수채화처럼 느껴졌는데,
고운 분위기 덕분인지,
'반곡 갤러리'라는 새로운 이름표를 달았다.

역사 곳곳에 놓인 아기자기한 미술 조형물을 둘러보던 중,
혹시나 했던 비가 후드득 떨어지고
안 그래도 수북이 쌓인 가을이 한 번 더 내려앉는다.

가을이 쏟아져 내린 반곡역은 여전히 한 폭의 수채
화처럼 느껴졌는데

A RAINY DAY

비를 피해 전시실 겸 작업실로 이용되는 대기실에 들어서자,
한 화가가 가을날의 반곡역을 캔버스에 담고 있었다.

난생 처음 그림이 완성되는 걸 지켜보면서,
어느새 간이역 반곡역이 아닌
갤러리 반곡역의 정취를 즐기게 됐다.

처마 아래로 똑똑 떨어지는 빗소리가 반가워진다.
비가 오지 않았다면, 이런 특별한 경험을 할 수는 없었을 테니까.

예전의 난 이런 갑작스러운 비를 무척 싫어했는데!
맑은 날은 여행하기 좋은 날,
흐린 날은 여행하기 나쁜 날이라는
이분법적인 기준을 두고 살았으니,
여행 중에 날이 흐리거나 비가 오면
늘 여행을 망쳤다고 생각했다.

하지만 날 좋은 날, 예쁘게만 여행할 수는 없는 건데.
갑자기 비가 내릴 수도 있는 건데.
여행이라는 게 원래 그런 건데.

정해지지 않은 삶, 되어가는 시간 속에서
순간순간 일어나는 모든 상황을
더 힘들지 않게 받아들이고, 그걸 즐길 수 있게 된 것만 같다.

그래!
오늘은 비가 와서
여행하기 좋은 날인지도 모른다.

결국
내 마음에 달린 거라고

"아, 망했다!"

해운대역으로 가는 기차를 눈앞에서
놓쳐버리고 말았다.
월내역 플랫폼에 들어섰을 땐,
이미 기차가 조금씩 멀어져 가고 있었으니.

찻길 하나만 건너면, 한걸음에 닿을 수 있다는 생각에
바닷가에서 너무 많은 시간을 보냈던 것이 문제였다.
아니, 어쩌면 머피의 법칙이 쭉 이어지는
오늘 하루가 통째로 문제인 것인지도 모른다.

해운대를 가는 기차는 1시간 뒤에나 있다.
표는 다시 끊으면 된다지만,
집으로 돌아가는 연결편 기차까지 놓치게 됐으니,
이를 어쩌나….

사정을 듣게 된 역무원 아저씨는,
부산역으로 가는 버스 편을 추천해주었다.
따뜻한 커피 한 잔을 내어주면서.

'커피나 한잔 마시고 가자!'라는 생각으로,
역 한구석에 마련된 책장에서 책 하나를 꺼내,
소파에 앉았다.

책을 펼치자 반을 접은 하얀 종이가 보이고,
누가 일부러 꽂아둔 것 같은 종이를 집다가
머릿속이 일시 정지 상태가 됐다.
몹쓸 '행운의 편지'가 떠올랐으니까.

오늘, 또다시 나를 찾아온 거란 말인가.

그동안 당했던 행운의 편지들을 사정없이 씹다가,
순간 헛웃음이 나왔다.
인터넷 검색창에 손가락 한번 두드리면
행운의 편지가 가짜라는 걸 다 아는 마당에,
여전히 '행운'이라는 말로 누군가의 수고로움을
기대하는 그들의 정체는 뭘까 싶었으니까.

가소롭고, 심지어 귀엽기까지 했으니까.

그래, 아무리 생각해도 그 행운이 문제였다!
잡힐 듯 잡히지 않는 이 녀석을 원했기 때문에
오랜 시간 동안 똑같은 해프닝이
계속해서 일어났던 걸테니.

'내게 날라 온 것이 행운이 될지, 불행이 될지는
결국 내 마음에 달린 거다'라는 말,
너무 흔해 빠지긴 했다.
하지만 '미워도 다시 한 번'이라던데,
이 말은 밉지 않은 말이니
다시 한 번 떠올려 주기로 한다.
한 번, 두 번 그렇게 읊다 보니
이 고전 같은 말에서 박하사탕 같은
엉뚱한 청량감이 느껴진다.

이제부터는
행운의 편지 같은 미신 따위에 휘둘리지 않고
내 마음에게 더 많이, 더 자주 기도를 해야겠다.

기도는, 신의 마음을 바꿀 순 없지만
기도하는 사람의 마음은 바꿀 수 있다고 했으니까.
신의 뜻과 인간이 의지가 만나 태어나는 게 운명이라면
내 기도가 최소한 내 의지만큼은,
내 마음만큼은 바꿀 수 있을 테니까.

'굿바이, 행운의 편지!
행운은, 이제 내가 만들어 갈 거야.'

당신만은
추억이
되질 않았습니다

"내 기억 속에 무수한 사진처럼
사랑도 언젠가는 추억으로 그친다는 걸 난 알고 있었습니다.
하지만 당신만은 추억이 되질 않았습니다."

영화 〈8월의 크리스마스〉의 엔딩크레딧을 보면서
하나도 안 슬픈 새드엔딩에 화가 울컥 치밀어 올랐었다.
정말이지, 김빠진 콜라를 마시는 것처럼
눈물샘을 톡 건드려주는 슬픈 장면은 단 한 장면도 찾아볼 수 없었고,
마지막 엔딩조차 밍밍하게 느껴졌으니까.

직접 겪지 않아 다행이다 싶은 안전한 슬픔은 '도대체 어디에 있다는 건지.
어떻게 이 영화를 〈동감〉, 〈시월애〉보다 더 슬픈 멜로라고 하는 건지.
스무 살의 난 도무지 이해하지 못했다.

8월의 마지막 날.
'좌르르르' 시원하게 미끄러지는 자전거 페달을 밟았다.

언젠가 사람들의 온기를 실어 날랐을 빨간 우체통이,
삐거덕 소리가 나는 추억의 나무 의자가,
벽면에 쪼르르 걸려있는 흑백사진이 나를 반긴다.

시골의 작은 사진관에 온 듯한 정겨운 분위기 속에서
사진을 훑다가, 잠시 시선이 멈췄다.
폐역이 되고도 여전히 사람들의 발길이 이어지는 능내역의 한 사진 앞에서.
왜 이 사진을 보고 〈8월의 크리스마스〉의 마지막 장면이 떠오른 걸까.
끝까지 추억이 되지 않았다던, '다림'의 사진이 걸려있는 초원사진관의 모습이.

집으로 돌아와
정말 그렇게 밍밍한 영화였나 싶어, 다시 보게 된 〈8월의 크리스마스〉.

영화 속 정제된 슬픔이 영화 밖으로 흘러나오는 것만 같아
보는 내내 눈물이 얼마나 흐르던지.
정원이 덤덤히 받아들이는 시한부의 삶이 남의 일처럼 느껴지지 않았고,
그 덤덤함을 깨뜨리던 다림을 향한 마음엔 함께 혼란스러워했으며,
끝내 고백의 편지조차 전하지 않고 떠나는 아픔엔 절로 감정몰입까지 되었다.

마지막 엔딩의 '당신만은 추억이 되질 않았습니다.'라는 독백에선
그동안 말하지 않고 들려주지 않은 다림에 대한 깊은 사랑까지 읽어내고는,

온 마음이 이 영화에 흡입되고 말았다.

서른이라는 나이를 지나면서
인생의 쓴맛, 신맛, 짠맛, 단맛 등 다양한 경험을 한 후에야
영화의 완전한 슬픔을 제대로 맛볼 수 있게 된 나.

또 얼마간의 시간이 지나야
지금 내가 이해할 수 없는 것들을
가슴으로 받아들일 수 있게 되는 걸까?

태어났으니 죽는다는 건 너무나 당연한 일.
오늘도 어김없이 그 끝을 향해 가고 있을 테니
나도 어찌 보면 시한부 인생이 아닐까?
다만 그게 언제인지 모른다는 것일 뿐.

죽음은 선택할 수 없지만,
삶은 선택할 수 있다는 말을 들었다.

'당신만은 추억이 되질 않았습니다.'라는 독백에선
그동안 말하지 않고 들려주지 않은 다림에 대한 깊
은 사랑까지 읽어내고는

다음 한 발은
더 쉽고 가벼울 테니

덜컹이는 기차 안.
김동률의 노래 〈출발〉이 귓가에 울린다.

차창 밖 풍경을 바라보면서
삶은 달걀에 톡 쏘는 사이다를 곁들인 기차여행은
언제나 설레는 일이지만,
오늘 유독 더 들뜬 이유가 있다.
기차가 향하는 곳이
첫 혼자 여행의 추억이 담긴 대천역이기 때문이다.

한 10배쯤은 크고 새로워진 역은
마치 같은 이름의 다른 사람처럼 낯설기만 하다.
이 어색함은 건너뛰고 싶어,
대천 해수욕장으로 가는 버스에 후다닥 올랐다.

맨 뒷좌석에 앉아 여유롭게 창문을 열어 점점 가까워져 오는
바다의 짠 공기를 맡는데, 순간 웃음이 나온다.
저기 맨 앞자리, 그러니까 기사 아저씨 뒤에 딱 붙어
바다까지 쫄아 붙은 마음으로
"아저씨, 다음 역이 대천 해수욕장이에요?"를 연거푸 물어대던
지난날의 내가 생각나서.

두렵던, 두렵지 않던
하는 편이 훨씬 더 많이 얻게 되는 것 같다.

마침내 마주한 생애 첫 혼자만의 바다.
마음 값을 톡톡히 치르고 만난 대천 바다는 정말 예뻤다.
오는 내내 보이지 않고, 들리지 않던 낭만을 아낌없이 쏟아내느라
시간이 어떻게 가는 줄도 모를 정도였으니까.
햇살에 반짝이는 바다를 하염없이 바라보기도 하고,
해변에 줄지어 서 있는 갈매기 떼를 바다로 몰아보기도 하고,
맨발로 걸으며 내가 지나온 발자국을 바라보기도 하면서.

생각해보면
첫 롤러코스터, 첫 혼자 여행, 첫 사회생활, 첫 사표, 첫 사랑….
이런 '처음'은 항상 두렵고 어려운 일이었다.
그런데 아이러니한 건,
한 번의 첫걸음이, 처음의 덧셈들이
지금의 나를 만들었다는 것이고
새로운 삶의 첫 발을 내딛을 수 있게 해주었다는 것이다.

지금까지처럼, 앞으로도 '처음'하는 모든 것이 두렵고 어려울 게 분명하다.
하지만 처음은 원래 그런 것이라며 조금은 맘 편히 생각하고
시작을 할 수만 있다면,
다음 한 발은 더 쉽고 가벼울 테니.

내 보물이라면
자연스럽게 온다

'쿠궁쿠궁' 기차 소리는 완전히 끊겨버렸어도,
철길을 걷어내지 않고 시민 갤러리로 변신한 덕분인지
간이역의 느낌은 살아 있었다.

꺼지지 않은 온기가 반가워 송정역의 철길을 따라 걷던 중,
찰칵찰칵! 경쾌한 셔터음을 내며 피사체에 집중하던 사람을 만났다.
부산에 산다던 그는, 시간이 날 때면
갈맷길의 풍경 곳곳을 카메라에 담고 있다고 했다.

"원래 이런 거 잘 안 가르쳐 주는데…."라며
내 호기심을 한껏 자극한 그가 귀띔해준 곳은,
송정 해수욕장의 끄트머리에 있는 죽도 공원.
만약 가능하다면, 노란 갈맷길 표지도 찾아보길 권한다면서.

그의 말대로
푸른 바다가 내려다보이는 솔숲 공원에 왔건만,
멋진 풍광도 잠시.
눈길은 자꾸만 어딘가에 있을 갈맷길 표지로만 뻗쳐 간다.
소나무 숲 사이사이를 훑으며 뒤적거리는데,
왠지 낯설지 않다.

※ 갈맷길 : 부산의 해안을 따라 놓인 산책길

어린 시절, 봄 소풍 때면 이렇게 솔숲에서 보물을 찾곤 했으니까.
선생님의 호루라기 소리를 시작으로 말이다.

보물을 다른 사람에게 빼앗겨 버릴 것만 같아
불안하고 또 불안했다!

남들한테는 쉽게 발견되는 보물이
왜 나한테만 어려운 거느냐고 생각했는데.
막상 내가 보물을 발견할 땐
그 일이 너무 쉽고, 자연스럽게 느껴졌다.

우리 모두는
보물찾기를 하면서 살아가는 게 아닐까.
그게 일이든 사랑이든,
진짜 내 것을 찾을 때까지 말이다.

지난날을 돌아보니, 쉽게 찾아지지 않는 보물은 찾
기도 힘들거니와 찾고 나서 내 것이 아닌 경우가
종종 있었다.

지난날을 돌아보니,
쉽게 찾아지지 않는 보물은 찾기도 힘들거니와
찾고 나서 내 것이 아닌 경우가 종종 있었다.

앞으로는 너무 어렵거나 매달려야만 하는 것이라면,
굳이 찾지 않기로 한다.

보물이 내 것이라면, 자연스럽게 올 거다.
다른 사람 손에 들어가지 않고, 나만을 기다리고 있을 거다.

혹 삶도 그런게 아닐까?

특별해서 소중한게 아니라

소중히 가꾸기에 특별한 것.

그렇게 길은 항상 있다

펴낸날   초판 1쇄 인쇄 2016년 02월 16일
             초판 1쇄 발행 2016년 02월 22일

지은이   윤서원
펴낸이   최병윤
펴낸곳   알비
출판등록   2013년 7월 24일 제315-2013-000042호

주소   서울 마포구 성산동 275-56 교흥빌딩 302호
전화   02-334-4045
팩스   02-334-4046
이메일   sbdori@naver.com

종이   일문지업
인쇄제본   (주)알래스카인디고
디자인   아홉번째 서재

ISBN   979-11-86173-26-8 03980